基层农技人员培训重点图书

猪的饲养管理及疫病防控实用技术

魏荣贵　云鹏　潘卫凤　主编

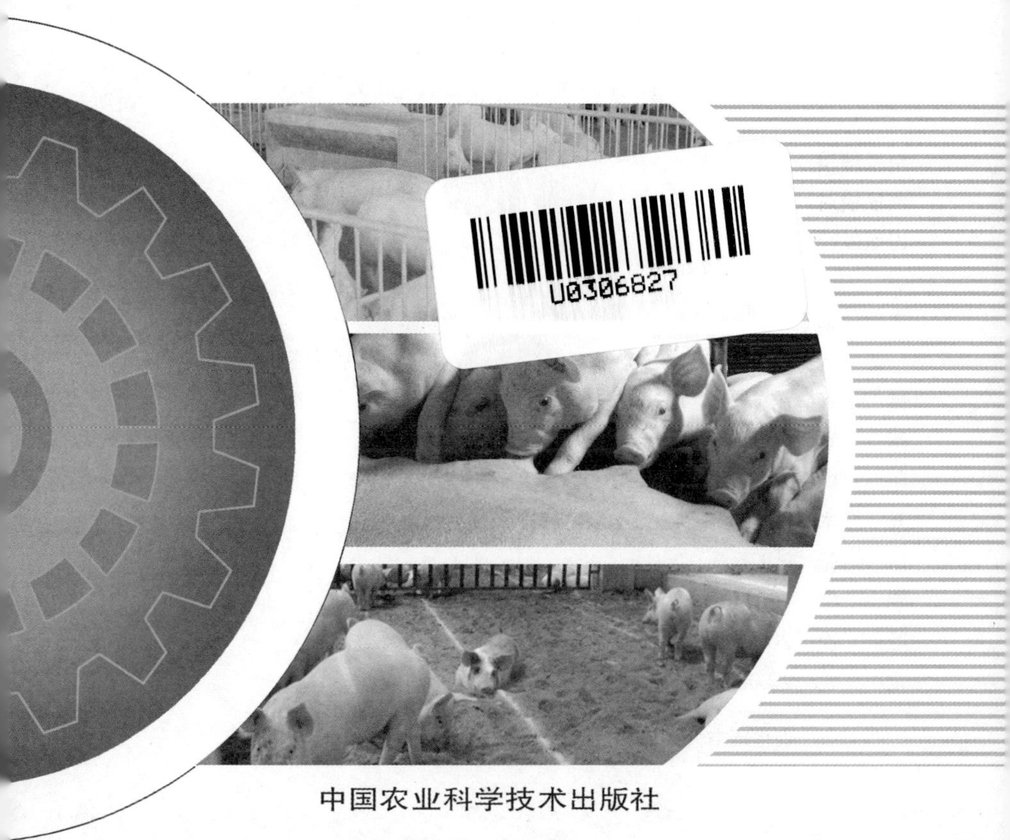

中国农业科学技术出版社

图书在版编目（CIP）数据

猪的饲养管理及疫病防控实用技术 / 魏荣贵，云鹏，潘卫凤主编 . —北京：中国农业科学技术出版社，2015.12

ISBN 978-7-5116-2076-7

Ⅰ. ①猪… Ⅱ. ①魏… ②云… ③潘… Ⅲ. ①养猪学 ②猪病—防治 Ⅳ. ① S828 ② S858.28

中国版本图书馆 CIP 数据核字（2015）第 085328 号

责任编辑 李 雪 朱 绯
责任校对 贾晓红
出版发行 中国农业科学技术出版社
北京市中关村南大街 12 号 邮编：100081
电 话 （010）82106626 82109707（编辑室）
（010）82109702（发行部） 82109709（读者服务部）
传 真 （010）82109707
网 址 http://www.castp.cn
印 刷 北京科信印刷有限公司
开 本 880 mm × 1230 mm 1/32
印 张 6.875
字 数 198 千字
版 次 2015 年 12 月第 1 版 2015 年 12 月第 1 次印刷
定 价 28.00 元

《猪的饲养管理及疫病防控实用技术》
编 写 人 员

主　　编： 魏荣贵　云　鹏　潘卫凤

副 主 编： 王楚端　李秀敏　史文清　谢实勇　薛振华

编写人员：（按拼音排序）

陈少康　崔长存　单瑛琦　丁保光　李　爽

刘　鑫　刘海勇　刘金兰　唐韶青　王　瑾

王淑艳　王晓凤　王以君　于淑平　张景齐

张士海　张　翼　赵茹义　朱华民　朱晓静

目录
CONTENTS

第一章 猪的生物学与行为学特性

猪在进化过程中，形成了许多生物学特性，不同猪种既有共性，又有其各自的特性。在生产实践中，可以在不断认识和掌握猪的生物学特性的基础上，创造适合不同猪只的饲养管理条件，或改进饲养管理方法，从而获得较好的生产效果。

第一节 猪的生物学特性

一、多胎、高产，世代间隔短

猪是常年发情的多胎高产动物，一般一年能产两胎，若缩短哺乳期，一年可产两胎以上。猪每胎产仔数 10 头左右，繁殖力高的猪种，如我国的太湖猪，每胎平均产仔数超过 14 头。

猪一般 4 ～ 5 月龄达到性成熟，6 ～ 8 月龄可以初次配种，妊娠期短（114 天），1 岁时或更小的年龄就可以第一次产仔。我国的地方猪种性成熟时间、初配年龄和第一胎产仔时间更早。

二、杂食性，饲料利用率高

猪可掘土觅食，是杂食动物。门齿、犬齿和臼齿都很发达，胃是介于肉食动物的简单胃与反刍动物的复杂胃之间的中间类型，因此，能充分利用各种动植物和矿物质饲料。但猪也不是什么食物都吃，而是有选择的，猪能辨别口味，特别喜吃甜食、香食。

猪的采食量大，按单位体重的采食量，猪大于其他家畜，但猪消化速度快，消化能力强，能消化大量的饲料，以满足其迅速生长发育的营养需要。猪对精料中有机物的消化率一般都在 70% 以上，也能较好地消化青粗饲料，对青草和优质干草中的有机物消化率分别达到 64.6% 和 51.2%。但是，由于猪胃内没有分解粗纤维的微生物，几乎全靠大肠内微生物分解，因此，猪对粗饲料中粗纤维的消化较差，而且饲料中粗纤维含量越高时，日粮的消化率也就越低。

三、生长发育快，生产周期短

猪和牛、羊、马相比，无论是胚胎期还是出生后生长期都是最短的。猪由于胚胎期短，同胎仔数多，出生时生长发育不充分，如头的比例大，四肢不健壮，初生体重小（平均只有 1.0 ～ 1.5 kg，不到成年体重的 1%），各组织器官发育也不完善，对外界环境的适应能力较差。

为了补偿胚胎期生长发育的不足，猪出生后两个月内生长发育特别快，仔猪出生后 1 月龄体重为初生重的 5 ～ 6 倍，2 月龄体重为 1 月龄体重的 2 ～ 3 倍，断乳后到 8 月龄前，生长发育仍很强烈，特别是性能优良的肉用型猪种，在满足其生长发育所需的条件下，160 ～ 170 日龄体重可达 90 ～ 100 kg，相当于初生重的 80 ～ 100 倍，而牛、羊同期只有 5 ～ 6 倍。

四、皮下脂肪厚，汗腺退化

和其他家畜相比，猪沉积体脂肪的能力强，特别是在皮下、肾周和肠系膜处脂肪沉积多。采食 1 kg 淀粉，猪可沉积脂肪 365 g，牛则沉积脂肪 248 g。有的猪种可早期沉积脂肪，人们称之为早熟易肥，我国地方猪种大多有此特性。

猪的皮肤厚，皮下脂肪厚，阻止了体内热量散发，再加之汗腺退化，皮脂腺小，机能差，所以，大猪怕热。在酷暑时期，猪就喜欢在泥水中、潮湿阴凉处趴卧以便散热。但仔猪皮下脂肪少，皮薄，毛稀，单位体重的散热面积相对较大，故仔猪怕冷、怕湿。由于皮脂腺不发达，猪也容易患皮肤病。

五、嗅觉和听觉灵敏，视觉较差

猪的嗅觉非常灵敏，能辨别任何气味。仔猪在出生后数小时便能辨别气味，通过嗅觉寻找乳头，每次哺乳都如此，因此，仔猪出生后初期固定乳头哺乳后，整个哺乳期不变。母猪能通过嗅觉识别自己生下的小猪。如仔猪哺乳数小时后，再寄养到其他母猪时，仔猪拒绝吃乳或母猪攻击仔猪。猪凭借灵敏嗅觉辨别群内的个体、圈舍和卧位，能保持群内个体间的密切联系。当群内混入其他群个体时，猪能很快地辨别出，并进行驱赶性攻击。发情母猪和公猪通过特有的气味辨别对方所在方位。猪还可以依靠嗅觉有效地寻找埋藏于地下的食物。

猪的听觉也很灵敏，能辨别声音的强度、音调和节律，如以固定的呼名、口令和声音刺激等进行调教能很快形成条件反射。仔猪出生后几小时，就对声音有反应，到 3 ～ 4 月龄时就能很快地辨别出不同声音刺激物。猪对意外声响特别敏感，尤其是与吃喝有关的音响更为敏感，当它听到饲喂用具发出的声响时，立即起而望食，并发出饥饿叫声。对危险信息特别警觉，即使睡眠，一旦有意外响声，也立即苏醒，站立警备。因此，为了保持猪只安静，应尽量避免突然的音响。

猪的视觉较差，视距、视野范围小，不能分辨颜色。

六、适应性强，分布广泛

猪对自然地理、气候条件的适应性强，是世界上分布最广、数量最多的家畜之一，除因宗教和社会习俗原因而禁止养猪的地区外，凡是有人类生存的地方都可养猪。猪的适应性强，主要表现在对气候寒暑的适应、对饲料多样性的适应、对饲养管理方法和方式的适应。但是，猪只有在比较舒适的环境下才能表现出较高的生产性能，而如果遇到恶劣的条件，猪体就出现应激反应，如果抗拒不了这种环境，生理平衡就遭到破坏，生长发育受阻，生理出现异常，严重时患病和死亡。如温度对猪的影响，当温度升高到上限临界温度以上时，猪表现呼吸频率升高，采食量减少，生长猪生长速度减慢，饲料利用率降低，公猪射精量减少、性欲降低，母猪不发情。同样，冷应激对猪影响也较大，当环境低于限临界温度时，其采食量增加，增重减慢，饲料利用率降低，打战、聚堆。因此，在生产实践中应根据不同类型猪只，为其提供一个适宜的环境。

第二节 猪的行为学特性

行为就是动物的行动举止，是动物对某种刺激和外界环境的反应。一个成年动物的行为是由先天遗传和后天获得成分复合起来构成的，先天成分包括各种简单反射、复杂反应以及行为链；后天获得的成分包括各种条件反射、学得的反应和习惯。猪和其他动物一样，对其生活环境、气候条件和饲养管理条件等，在行为上都有其特殊的表现，而且有一定的规律性。如果我们掌握了猪的行为特性，并且根据猪的行为特点，制定合理的饲养工艺，设计合理的猪舍和设备，最大限度地创造适于猪习性的环境条件，就能够提高猪的生产性能，提高养猪的经济效益。

一、社会行为

动物社会的含义与人类的不同，“社会”一词主要是指同种动物个体通过相互作用而结成的一种生活组织。所以，社会行为就是与同类发生联系作用的行为，它包括同伴、家族、同群个体之间的相互认识、联系、竞争及合作等现象。

1. 结群行为

猪有合群性，在放养的情况下，通常由 1 头成年公猪率领 5 ～ 10 头母猪形成一个小群，公猪以其发达的犬齿为武器，保护并引导猪群的活动。在舍饲条件下，猪的一生充满一系列的结群处境：最初是同窝仔猪与母猪在一起，然后是断乳仔猪群，再后转到生长肥育群或后备猪群。

2. 争斗行为

争斗行为是动物个体间在发生冲突时的反应，由“攻击”和“逃避”两个部分组成。用于种内的攻击行为纯属竞争的性质，所争的对象有生物的和非生物的，如配偶、食物、栖身处所等。通过争斗还可决定个体在群体中的位次，因此，当一头陌生的猪进入一个猪群时，这头猪成为全群猪攻击的对象，轻者伤皮肉，重者造成死亡。

从小养在一起的个体之间很少发生争斗，因此，养猪业中有生后不调群的同窝肥育方式。

3. 优势序列

优势序列是社会行为造成的一种等级制。它使某些个体通过斗争在群内占有较高的地位，在采食、休息占地和交配等方面得以优先。

小猪在出生后几天之内便能确定占据母猪奶头位置的序列，由于母猪前后奶头的产奶量不同，哺乳序列能影响 3 周龄体重和断奶体重，而断奶体重的大小又会影响其序位，而序位又进一步影响 8 周龄体重。

在优势序列关系确定的有组织的猪群里，个体之间相安无事，猪的增重快。反之，在一个新组织的猪群里，到处都有冲突和对抗，使个体均得不到安宁的采食和休息，新合群的个体须经过多次的对抗并决定出自己的位次之后，才能算群里的成员。按优势序列组成的畜群规模，应与家畜的辨识能力相适应，猪不超过 20 头。

优势序列现象可能会造成群体中个体间的待遇不均，在不能按需供应时矛盾更加突出，在生产实践中的一些饲养措施便是针对优势序列的，如个体限位饲养、拴系饲养、自由采食、地面撒喂等。

二、性行为

有性繁殖的动物达到性成熟以后，在繁殖期里所表现的两性之间的特殊行为都是性行为。性行为包括发情、求偶和交配行为。

母猪临近发情时外阴红肿，在行为方面表现神经过敏，轻微的声音便能把它惊起，但这个时期虽然接受同群母猪的爬跨，却不接受公猪的爬跨。发情母猪常能发出柔和而有节奏的哼叫声。当臀部受到按压时，总是表现出如同接受交配的伫立不动姿态，发情母猪的这种行为与排卵时间有密切关系，所以，被广泛用于对舍饲母猪的发情鉴定。母猪在发情期内接受交配的时间大约有 48 小时（38 ～ 60 小时）。有些母猪往往由于体内激素分泌失调，而表现性行为亢进或衰弱（不发情和发情不明显）。

发育正常的健康种公猪一旦接触母猪，会追逐母猪，嗅母猪的体侧、肷部、外阴部，把嘴插到母猪两后腿之间向上抛掷，错牙形成唾液泡沫，时常发出低而有节奏的吼声，当公猪性兴奋时，还出现有节奏的排尿。

公猪由于遗传、近交、营养和运动等原因，常出现性欲低下，或发生自淫行为。群养公猪，常会造成稳固的同性性行为，群内地位较低的个体往往成为受爬跨的对象。公猪的同性性行为往往造成阴茎的损伤。

三、母性行为

母性行为是指母畜用于改善其后代的生存条件所表现的一系列行为，包括产前的做窝、对仔畜的认识、授乳、养育和保护等行为。

在散养条件下，母猪在分娩前 1 ～ 2 天，通常衔取干草或树叶等造窝的材料，如果栏内是水泥地面而无垫草，只好用蹄子扒地来表示。分娩前 24 小时，母猪表现神情不安，频频排尿，摇尾，拱地，时起时卧，不断改变姿势。分娩多选择在安静时间，一般多在下午 4 点以后，特别是夜间产仔多见。分娩多采取侧卧，其呼吸加快，皮温上升。仔猪产出后，母猪不去咬断仔猪的脐带，也不舔仔猪，并且在生出最后一个胎儿以前多半不去注意自己产出的仔猪。在分娩中间如果受到干扰，则站在已产出的仔猪中间，张口发出急促的“呼呼”声，表示防护性的威吓。经产母猪一般比初产母猪安稳。分娩过程大约 3 ～ 4 小时，初产母猪比经产母猪快；放养的猪比舍饲的猪快。脐带由仔猪自己挣断。强壮的仔猪用自身的活动很快便把胎膜脱掉；而弱仔猪则往往带在身上。胎盘如不取走，多被母猪吃掉。

母猪常常挑选一个地方躺下来授乳，左侧卧或右侧卧的时间大体相同，但一次哺乳中间不转侧。个别母猪站立哺乳。母、仔猪双方皆可主动引起哺乳行为。母猪通过发出类似饥饿时的呼唤声，召集仔猪前来哺乳；仔猪饥饿时则围绕母猪身边要求授乳。同舍母猪的哺乳叫声互有影响，因此，有一窝猪开始哺乳，会引起其他各窝在几分钟之内也相继发生哺乳。

母、仔猪之间是通过嗅觉、听觉来相互识别和联系的。在实行代哺或寄养时，必须设法混淆母猪的辨别力，最有效的办法是在外来仔猪身上涂抹母猪的尿液或分泌物，或者把它同母猪所生的仔猪混在一起，以改变其体味。仔猪遇有异常情况时通过叫声向母猪发出信号，不同的刺激原因发出不同的叫声。正常的母子关系，一般维持到断奶为止。

母猪非常注意保护自己的仔猪，在行走、躺卧时十分谨慎，不致踩伤、压死仔猪。母性好的母猪躺卧时多选择靠近栏角，不断用嘴将仔猪拱离卧区后而慢慢躺下，一旦遇到仔猪被压，只要听到仔猪的尖叫声，马上站起，防压动作重复一遍，直到不压住仔猪为止。带仔母猪对外来的侵犯先发出警报的叫声，仔猪闻声逃窜或者伏地不动，母猪会用张合上下颚的动作对侵犯者发出威吓，或以蹲坐姿势负隅抵抗。中国的地方猪种，护仔的表现尤为突出，因此，有农谚“带仔母猪胜似狼”，在对分娩母猪的人工接产、初生仔猪的护理时，母猪甚至会表现出强烈的攻击行为。但在高度选择的猪种，这种行为有所减弱。

四、食物行为

食物行为包括一切获取、处理和摄取固体或液体营养物质的活动，包括采食和饮水行为。

哺乳仔猪的吃奶行为大致分为3步。

第一步：拱奶。仔猪用鼻端拱揉按摩母猪的乳房，同时夹杂着叫声。

第二步：吃奶。仔猪突然安静下来，两耳向后并拢，后腿用力蹬，然后便开始真正的吃奶。仔猪真正吃奶的时间正是母猪“放乳”的时间。这时仔猪保持安静，发出有节奏的用力吸吮声。

第三步：后按摩。仔猪吃奶后也按摩乳房，但其节奏较吃奶前的按摩缓慢。仔猪一昼夜的吃奶次数为18～28次。

猪有掘土觅食的特性，这是继承其野生祖先从土壤中寻食小动物、昆虫等以补充蛋白质、微量元素的习性。现代养猪多喂以营养物质完善平衡的饲粮，减少了猪的挖掘行为，但这种拱掘行为常对圈舍造成破坏。猪能用嘴咬食青草，吃料时多是叼满一口，然后咀嚼，吃稀料时可把嘴插入水中捞取固体食物。

猪的采食量、采食速度、采食时间和对食物的选择性等受猪的生理需要、年龄、经验、应激、疾病以及外部条件的影响。猪的采食量受体内能量平衡、体温、体重、脂肪贮存等的影响，一定时间内的采食量主要靠采食次数，而不是靠一顿的食量来调节，自由采食时，一顿食量和采食间隔无关，但顿喂时，间隔会影响一顿的采食量。颗粒料较粉料、湿料较干料能提高猪的适口性，故能提高采食量。群饲的猪比单饲的猪吃得多；经验因素能使猪到了一定时刻便产生食欲，因此生产中常相对固定饲喂时间。

猪的饮水行为往往与采食行为相连，采食干料的猪往往在采食中间去喝水，饮水量相当于干料的3倍。环境温度高时，猪会超量饮水。出生后2个月龄前的小猪就能学会用拱、咬或压的办法利用自动饮水器喝水。

五、排泄行为

排泄是动物对于代谢无用或有害的物质排出体外的行为。一般指粪尿，而不包括由呼吸排出的二氧化碳和通过发汗排出的盐和含氮化合物。

猪不在吃睡的地方排便，除非过分拥挤或气温过低。出生后 4 ～ 5 天的小猪就开始在窝外排泄。猪在宽敞的圈里多选定一个角落排泄，并在靠近水源、低湿的地方，或在两圈之间互能看见接触的地方排粪排尿。在高温的舍内，猪能躺在尿液等构成的污水里散发体热。在冬季舍内太冷时，猪有尿窝的现象。妊娠猪对排泄比较有控制能力，经过调教，可以定时到舍外排便。因此，在建造圈栏时，应设休息区和排泄区，并使排泄区略低于休息区，把饮水器设在其中，诱使猪只在此区排便。

六、其他行为

1. 活动与睡眠

猪的行为有明显的昼夜节律，活动大部分在白天，但在温暖季节或炎热夏季，夜间也有活动和采食。猪一昼夜内睡眠时间平均 13 小时，年龄越小，睡眠时间越长，生后 3 天内的仔猪，除采食和排泄外，其余时间全部睡眠。成猪的睡眠有两种，一为静卧，二为熟睡。静卧姿势多为侧卧，少部分取伏卧姿势，呼吸轻而均匀，虽闭眼但易惊醒；熟睡则全为侧卧，呼吸深长，有时有鼾声，且常有皮毛抖动，不易惊醒。仔猪、生长猪的睡卧多为集堆共眠。

2. 探究行为

动物的探究行为有时是针对具体的事物或环境，如动物在寻求食物、栖息场所等，达到目的时这种探究便停止，但有时探究并不针对某一种目的，而只是动物表现的一种反应，如动物遇到新事物、新环境时所表现出的探究行为。猪在觅食时，先是鼻闻、拱、舐、啃，并只取一小点加以尝试，当饲料合于口味时，便大量采食。生人接近时猪发出一声警报便逃，如果人有伫立不动，猪便返回来逐步接近，用鼻嗅、拱和用嘴轻咬。这种探究有助于它很快学会使用各种形式的自动饮水器。

3. 游戏行为

游戏行为是动物所表现的那些与维持个体及种族生存无直接关系的一类行为活动，如相互捕咬、反复撕闹、转圈追逐等。游戏多见于幼龄动物，但许多物种成年个体也参加，它似乎能给参加者带来欢乐。仔猪会自己在原地摇摆头，转身距或短距离跑动，突然卧倒等；相互游戏多以鼻梁相互拱和挑，以肩靠肩地对抗，互相爬跨等。

4. 异常行为

动物在野生情况下，除非疾病几乎没有异常行为，而在家养条件下，异常行为屡见不鲜。异常行为的产生主要是由于动物所处的环境条件的变化超过了动物的反应能力；在拥挤的圈养条件下，或营养缺乏或无聊的环境中常发生咬尾行为；神经质的母猪会出现食仔行为等。高度集约的饲养管理条件更易引起行为异常。异常行为会给生产带来极为不利的影响，对异常行为的矫正和治疗，多并不是药物能奏效，而需找出导致这一情况的行为学原因，以便采取对策。

第二章 猪的品种及其利用

影响养猪生产水平和经济效益的因素有很多，如猪种性能、饲养管理水平、市场状况等，而猪种自身的生产性能的优劣（遗传潜力）是基础和关键。中国是世界上猪种资源最丰富的国家，中国猪种资源概括起来可分为3类：地方猪种、培育猪种和引入猪种。

第一节 中国地方猪种

一、中国地方猪种的类型

我国地域宽广，不同地区自然条件、社会经济条件以及人民的生活习惯等有很大差异，猪的选育方法和饲养管理方法也不尽一致，因此，在长期的养猪历史中就形成各具特色的地方猪种，有的猪种具有独特的优良特性，如太湖猪的高繁殖力、民猪的抗寒能力等。根据体形外貌、生产性能特点，结合产地条件，可将我国的地方猪种分为6个类型。

1. 华北型

华北型猪分布在淮河、秦岭以北的广大地区。这些地区属北温带、中温带和南温带，气候寒冷，空气干燥，植物生长期短，饲料资源不如华南、华中地区丰足，饲养较粗放，多采用放牧和放牧与舍饲相结合的饲养方式，饲料中农副产品和粗饲料的比例较高。

华北型猪体躯较大，四肢粗壮，背腰窄而较平，后躯不够丰满。头较平直，嘴筒长，耳较大，皮肤多皱褶，毛粗密，鬃毛发达，性成熟较早，繁殖性能较高，产仔数一般12头以上，母性强，泌乳性能好，仔猪育成率较高。耐粗饲和消化力强，增重速度较慢，肥育后期沉积脂肪能力较强。

东北的民猪（图2–1）、内蒙古自治区（以下称内蒙古）的河套大耳猪、西北的八眉猪（图2–2）、河北的深县猪、山西的马身猪、山东的莱芜猪、江苏、安徽的淮猪等，均属华北型地方猪种。

图2–1　民　猪

图2–2　八眉猪

2. 华南型

华南型猪分布在云南省的西南和南部边缘，广西壮族自治区（以下称广西）和广东省偏南的大部分地区，以及福建省的东南角和中国台湾地区各地。华南型猪分布地区属亚热带，雨量充沛，气温虽不是最高，但热季较长，作物四季生长，饲料资源丰富，青绿多汁饲料尤为充足。精料多为米糠、碎米、玉米、甘薯等。

华南型猪体躯较短、矮、宽、圆、肥，骨骼细小，背腰宽阔下陷，腹大下垂，臀较丰满，四肢开阔粗短。头较短小，面凹，耳小上竖或向两侧平伸，毛稀多为黑白斑块，也有全黑被毛。性成熟较早，但繁殖力较低，早期生长发育快，肥育时脂化早，因而早熟易肥。

两广小花猪（图2–3）、云南的滇南小耳猪、贵州的香猪（图2–4）、广西的陆川猪、福建的槐猪、中国台湾的桃园猪等，均属华南型地方猪种。

图2–3　两广小花猪

图2–4　香　猪

3. 华中型

华中型猪分布在长江中下游和珠江三角洲的广大地区。华中型猪分布地区属亚热带，气候温暖且雨量充沛，农作物以水稻为主，冬作物主要为麦类，青绿多汁饲料也很丰富，但不及华南地区。

华中型猪的体躯较华南型猪大，体型与华南型猪相似，体质较疏松，骨骼细致，背较宽而背腰多下凹，腹大下垂，四肢较短，头较小，耳较华南型猪大且下垂，被毛稀疏，大多为黑白花，也有少量黑色的。性成熟早，生产性能一般介于华北型猪和华南型猪之间。生长较快，成熟较早。

浙江的金华猪（图2–5）、广东的大花白猪、湖南的大围子猪、宁乡猪、湖北的监利猪等，均属华中型地方猪种。

图2–5　金华猪

4. 江海型

江海型分布于华北型猪和华中型猪两大类型分布区之间，地处汉水和长江中下游平原，这一地区属自然交错地带，处于亚热带和暖温带的过渡地区，气候温和，雨量充沛，土壤肥沃，稻麦一年两熟或三熟，玉米、甘薯、大豆类都有种植，养猪饲料丰富。

江海型猪（图2–6）属过渡类型，外形和生产性能因类别不同而差异较大，价格大小不一，毛黑色或有少量白斑，外型特征也介于南北之间，其共同特点是头大小适中，额较宽，耳大下垂，背腰稍宽，较平直或微凹，腹较大，骨骼粗壮，皮厚而松，且多皱褶。性成熟早，繁殖力高，太湖猪尤为突出，体成熟亦较早。

图 2–6　江海型猪（太湖猪）

5. 西南型

西南型猪主要分布在云贵高原和四川盆地。西南区地形中以山地为主，其次是丘陵，海拔一般在 1 000 m 以上，四川盆地的底部则是区内平均高度最低的地方，但一般仍在400～700 m。亚热带山地气候特征显著，阴雨多雾，湿度大，日照少，农作物以水稻、小麦、甘薯、玉米为主，青绿饲料也很丰富。

西南型猪的特点为头大，腿较粗短，额部多有旋毛或纵行皱纹，毛色全黑或“六白”（包括不完全“六白”）较多，但也有黑白花和红毛猪，产仔数一般 8 ～ 10 头。

四川的内江猪、荣昌猪（图2–7）、乌金猪等，均属西南型地方猪种。

图 2–7　荣昌猪

6. 高原型

高原型猪主要分布在青藏高原。青藏高原气候干燥寒冷，冬长夏短，多风少雨，日照时间长，日温差大，植被零星稀疏，饲料较缺乏，故养猪以放牧为主，舍饲为辅。无论放牧或舍饲，都以青粗饲料为主，搭配少量精料，饲养管理粗放。由于所处的自然条件和社会经济条件特殊，因而高原型猪与国内其他类型的猪种有很大差别。

高原型猪体型较小，四肢发达，粗短有力，蹄小结实，被毛大多为全黑色，少数为不全的“六白”特征，还有少数呈棕色的火毛猪。嘴筒直尖，额较窄，耳小，微竖或向两侧平伸，体型紧凑，颈肩窄略长，胸较窄，北腰平直，腹紧凑不下垂，臀较倾斜，欠丰满，体躯前低后高，四肢坚实，皮肤较厚，背毛粗长，绒毛密生，一般 4 ～ 5 月龄性成熟，产仔数 5 ～ 6 头。

图 2–8　藏　猪

高原型猪的数量和品种较少，以藏猪（图 2–8）为典型代表。

二、中国地方猪种的特性

1. 性成熟早，繁殖力高

我国地方猪种大多具有性熟早、产仔多、母性强的特点，母猪一般 3 ～ 4 月龄开始发情，4 ～ 5 月龄就可配种。以繁殖力高而闻名于世的梅山猪，初产母猪平均产仔数可达 14 头，经产母猪平均产仔数可达 16 头以上。多数地方猪种平均产仔数都在 11 ～ 13 头，高于或相当于国外培育猪种中繁殖力最高的大白猪和长白猪。母猪母性好，哺育成活率高。

2. 抗逆性强

我国地方猪种抗逆性强，主要表现在抗寒、耐热、耐粗饲和在低营养条件下的良好生产表现。分布于东北地区的民猪可耐受 –30℃的寒冷气候，在 –15℃的条件还能产仔和哺乳。高原型猪在气候寒冷、空气干燥、气压低、日温差大、海拔高度 3 000 m 以上的恶劣环境条件下，仍能放牧采食。华南型猪种在高温季节表现出良好的耐热能力。

我国地方猪种的耐粗饲能力主要表现在能大量利用青粗饲料和农副产品，能适应长期以青粗饲料为主的饲养方式，在饲料低营养条件下仍能获得一定的增重速度，甚至优于国外培育猪种。

3. 生长速度慢，饲料利用率低

我国地方猪种生长速度缓慢，饲料利用率低，即使在全价料饲养的条件下，其性能水平仍显著低于国外培育猪种和我国的培育猪种。

4. 胴体瘦肉率低，脂肪率高

我国地方猪种的胴体瘦肉率低，大多在 40% 左右，大大低于国外培育猪种（60% 以上），其眼肌面积和腿臀比也不如国外培育猪种。相应地，我国地方猪种沉积脂肪的能力较强，特别是早期沉积脂肪的能力较强，主要表现在肾周脂肪和肠系脂肪的量较多，皮下脂肪较厚，胴体脂肪率 35% 左右。

5. 肉质优良

我国地方猪种肉质优良，主要表现在肉色鲜红，pH 值高，系水力强，肌纤维细，肌束内肌纤维数量较多，大理石纹分布适中。肌内脂肪质量分数较高，一般为 3% 左右，嫩而多汁，适口性好，香味浓郁。无 PSE（Pale，Soft & Exudative，颜色灰白，松软和有汁液渗出）肉和 DFD（Dark，Firm & Dry，颜色暗黑，质地坚硬和表面干燥）肉。

三、中国地方猪种的利用

1. 作为经济杂交的母本

现代养猪生产中广泛利用各种杂交系统以生产杂交商品猪。在利用杂种优势时，要求杂交母本应具有良好的繁殖性能以降低商品用仔猪的生产成本，我国地方猪种具有性成熟早、产仔数多、母性强等优良特性，因此可作为经济杂交的母本。但由于我国地方猪种生长速度慢、饲料利

用率低、胴体瘦肉率低，因此，不宜作杂交用父本。

2. 作为培育新品种（系）的育种素材

在以往培育新品种时，大多利用我国地方品种对当地环境条件具有良好适应性及繁殖力高的特点，与国外培育品种进行适当地杂交并在此基础上培育新品种，如三江白猪就是用民猪和长白猪杂交，用含 75% 长白猪血统和 25% 民猪血统的后代进行自群繁育而成的。在现代猪的生产中，可利用我国地方猪种繁殖力高的特点，与优良的培育品种杂后，选育合成母系。

第二节　中国引入猪种

一、主要的引入品种

引入猪种是指从国外引入我国的外来品种。其中，对我国猪种改良影响较大的有中约克夏、大约克夏、巴克夏、苏联大白猪、克米洛夫猪和长白猪等。在目前猪的生产中发挥作用较大的引入品种有长白、大白、杜洛克等。

1. 长白猪

长白猪产于丹麦，原名兰德瑞斯（Landrace），是目前世界上分布最广的瘦肉型品种之一。因其体躯较长，全身被毛白色，故在我国称其为长白猪（图 2–9）。

图 2–9　长白猪

体型外貌：全身被毛白色，

体躯呈流线型，头小而清秀，嘴尖，耳大下垂，背腰长而平直，四肢纤细，后躯丰满，被毛稀疏，乳头 7 对。

性能特点：性成熟较晚，一般 6 月龄开始出现性行为，10 月龄左右体重达 100 kg 以上时可配种，初产母猪产仔数 9 ～ 10 头，经产母猪产仔数 10 ～ 11 头。在良好的饲养条件下，长白猪的平均日增重应在 700 g 以上，耗料增重比 3.0 以下，90 kg 体重屠宰胴体瘦肉率在 62% 以上。新引进的长白猪平均日增重达到 850 g 以上，耗料增重比 2.6 以下。

2. 大白猪

大白猪（Large White）原产于英国，由于产于英国的约克郡，故又称大约克夏（Large Yorkshire）。大白猪（图 2–10）分为大、中、小 3 型，目前世界各地分布最广的是大约克夏。

图 2–10　大白猪

体型外貌：大白猪体型较大，耳大直立，颜面微凹，背腰微弓，四肢较高，被毛全白色，少数个体额角有暗斑，乳头 7 ～ 8 对。

生产性能：性成熟较晚，母猪 5 月龄左右出现初情期，10 月龄左右体重达 100 kg 以上时可配种。繁殖力高是大白猪的突出特点，初产母猪产仔数 10 头，经产母猪产仔数 12 头，在良好的饲养条件下，平均日增重应达 700 g 以上，耗料增重比 3.0 以下，90 kg 体重屠宰胴体瘦肉率在 61% 以上。20 世纪 90 年代以来引入的大白猪，平均日增重可达 900 g，耗料增重比 2.6 以下。

3. 杜洛克

杜洛克（Duroc）原产于美国东部，它是目前世界上分布较广的肉用型猪种之一（图 2–11）。

图 2–11　杜洛克

体型外貌：杜洛克体躯较长，背腰微弓，头较小而清秀，脸部微凹，耳中等大小，略向前倾，耳尖稍下垂，后躯丰满，四肢粗壮。全身被毛可由金黄到暗棕色，色泽深浅不一，蹄呈黑色。

生产性能：性成熟较晚，6 ～ 7 月龄开始发情，繁殖性能较低，初产母猪产仔数 9 头，经产母猪产仔数 10 头。杜洛克猪前期生长慢，后期生长快。在良好的饲养条件下，平均日增重可达 750 g 以上，耗料增重比 2.9 以下，胴体瘦肉率可达 63% 以上。新引进的杜洛克猪，平均日增重可达 850 g 以上，耗料增重比 2.6 以下，胴体瘦肉率 65% 以上。

4. 汉普夏

汉普夏（Hampshire）原产于美国，是世界著名的肉用型品种（图 2–12）。

体型外貌：体躯较长，后躯丰满，肌肉发达。嘴较长而直，耳中等大小直立。被毛黑色，但围绕前肢和肩部有一条白带，乳头数 6 ～ 7 对。

生产性能：性成熟晚，母猪一般 6 ～ 7 月龄开始发情，繁殖性能较低，初产母猪产仔数 7 ～ 8 头，经产母猪产仔数 8 ～ 9 头。汉普夏增重速度略慢，饲料利用率也不及长白、大白、杜洛克，但其背膘薄，瘦肉率很高，可达65%。

图2-12 汉普夏

二、引入猪种的特性

1. 生长速度快，饲料利用率高

在优良的生产条件下，引入猪种的生长速度和饲料利用率明显优于我国地方猪种和培育猪种，尤其是近年来引入的国外猪种，肥育期间平均日增重可达900 g左右，耗料增重比2.6左右。

2. 胴体瘦肉率高

引入猪种背膘较薄，眼肌面积较大，胴体瘦肉率较高，一般均为60%以上。近年来引入的外国猪种，其胴体瘦肉率可达65%以上。

3. 肉质较差

引入猪种的肉质较差，主要表现有肉色较浅，系水力差，肌纤维较粗，肌束内肌纤维数量较少，肌间脂肪含量较低，一些品种PSE肉的出现率较高。

三、引入猪种的利用

1. 作为育种素材

在以往培育新品种（系）的过程中，为提高培育品种（系）的生长速度、饲料利用率和胴体瘦肉率，大多将引入品种作为育种素材，与地方品种杂交。

2. 杂交利用

引入品种的杂交利用可分为以下两种情况：一是以地方品种或培育品种为母本与之进行杂交，在这种情况下，如果进行二元杂交，引入品种均可作为父本利用；如果进行三元杂交，一般以长白或大白作为第一父本，杜洛克或汉普夏作为终端父本，当然也可用长白或大白作第一父本，大白或长白作终端父本。但无论进行二元杂交或三元杂交，如果地方品种或培育品种是有色猪种，最好用长白、大白与之进行杂交，以求商品仔猪毛色的一致。二是引入品种之间的杂交。在这种情况下，如果进行三元杂交，通常以长白或大白作母本，杜洛克或汉普夏作父本；如果进行三元杂交，通常以长白和大白正交或反交生产杂种母猪，再与终端父本杜洛克或汉普夏进行杂交。

第三节 中国培育猪种

培育猪种是指新中国建国以来育成的品种。其培育过程大体可分为3种方式：一是利用原有血统混杂的杂种猪群，经整理选育成，这一类培育品种在选育前已受到外来品种的影响；二是以原有的杂种群为基础，再用一个或两个外国品种与之进行杂交后经自群繁育而成；三是在严格育种计划和方案指导下，有计划地进行杂交、横交、培育而成。

这些培育品种由于培育时间、育种素材、杂交方式及选育方法等的不同，因而表现出不同的特点。但总的来说，培育品种既保留了我国地方猪种的优良特性，又吸收了国外优良猪种的优点。与地方品种比，体重、体尺有所增加，背腰宽平，后躯较为丰满，改变了地方品种凹背、垂腹、后躯发育差的缺陷；继承了地方品种繁殖力高的特性，经产母猪产仔数 11 ～ 13 头，仔猪初生重 1.0 kg 以上，高于地方品种而接近于国外品种；生长肥育猪生长速度较快，20 ～ 90 kg 体重阶段平均日增重可达 600 g 以上，90 kg 体重屠宰胴体瘦肉率可达 50% 或更高。与国外品种相比，具有发情症状明显、配种受胎率高、繁殖性能优良、肉质好等优良特性，但体躯结构尚不及引入品种，后躯欠丰满，生长速度、饲料利用率均不及国外品种，特别是胴体瘦肉率差距较大。

在目前养猪生产中，大多用培育品种与杜洛克、长白、大白等引入品种进行杂交配套生产肥育用仔猪。由于培育品种的性能高于地方品种，所以其杂种后代也优于以地方品种为母本的杂种后代。但在杂交配套方式筛选过程中，应注意不宜再利用培育品种育成过程中使用过的国外品种与之进行杂交，如三江白猪不宜再用长白猪与之进行杂交生产商品猪。

第三章 提高母猪受胎率的措施

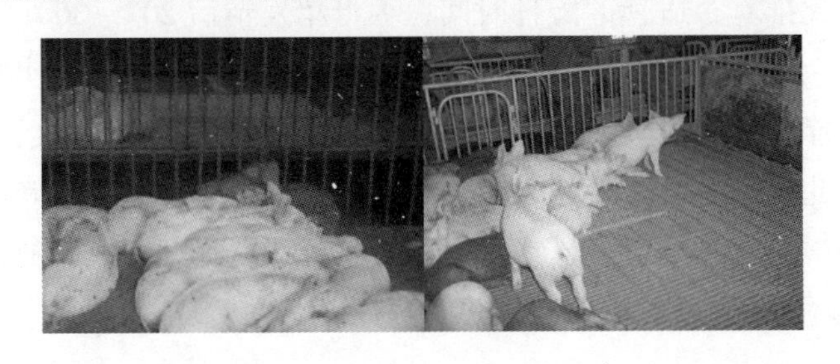

提高母猪的受胎率和产仔数是实现猪群高产的重要环节，因此，应根据母猪的发情排卵规律，掌握适宜的配种时间，采用正确的配种技术和方法，提高母猪的一次发情受胎率，缩短母猪的无效生产期，提高母猪的产仔数。

第一节 母猪的配种

一、母猪的适宜配种时间

母猪性成熟后，即会有周期性的发情表现。前一次发情开始至下一次发情开始的时间间隔称为发情周期。母猪在发情周期平均为 21 天，多在 19 ～ 24 天范围内，品种间、个体、年龄间差异不大。母猪发情如不配种或配种而未受孕，则会周而复始地反复发情，如果配种受孕，则不再发情。母猪每次发情的持续期一般为 3 ～ 5 天，品种间、个体间均有差异，一般地方品种发情持续期长。一般认为，母猪发情后 24 ～ 36 小时开始排卵，排卵持续时间为 10 ～ 15 小时，排出的卵在 8 ～ 12 小时内保持有受精能力，而精子在母猪生殖道内 10 ～ 20 小时内保持有受精能力，交配后精子到达受精部位（母猪输卵管壶腹部）的时间约需 2 ～ 3 小时。据此推算，适宜的配种时间应为母猪发情后 20 ～ 30 小时，配种过早、过晚均不能得到好的配种效果。配种过早，当卵子排出时精子已失去受精能力；交配过晚，当精子进入母猪生殖道内，卵子已失去受精能力，因此，应适时配种。一般来说，本地品种猪发情后宜晚配，培育品种猪发情后宜早配；老母猪宜早配，小母猪宜晚配。最好的办法是每天早、晚两次用试情公猪对待配母猪进行试情。

二、配种方式与配种次数

目前，采用的配种方式有本交和人工授精两种。

1. 本交

本交即公母猪直接交配。本交时根据母猪一个发情期内与配公猪的数目及配种次数，可分为单次配种、重复配种、双重配种。单次配种即母猪在一个发期期内，只用 1 头公猪交配一次。重复配种即母猪在一个发情期内，用同一头公猪先后配种两次，两次间隔时间 8 ～ 12 小时。双重配种即母猪在一个发情期内，用两次公猪间隔 10 分钟各配一次。

本交时配种时间应安排在饲喂前 1 小时或饲喂后 2 小时，应避免饱腹时配种，也不应在配种的同时饲喂附近的猪。应设在专门的配种场所，要求地面平坦、不光滑，并应消除其他可能对配种产生干扰的因素。配种时一般先母猪赶入配种间，然后赶入公猪。待公猪爬跨母猪后，应将母猪的尾巴拉向一侧，辅助公猪的阴茎插入母猪的阴道，以利加快配种进程，防止公猪阴茎损伤。如公母猪体重差异较大时应设配种架。

2. 人工授精

采用人工授精技术可减少公猪的饲养头数，提高优良种公猪的利用率，克服公母猪体格差异悬殊时造成的本交困难，避免疫病的传播等。

为提高人工授精的效果，应注意以下技术操作要点。

一是避免精液污染。从采精到输精的全过程，都要注意用具和器械的消毒，还必须清洗母猪的外阴（可用0.1%高锰酸钾溶液）。

二是保证精液品质。用于人工授精的精液，除颜色气味正常外，精子活力不应低于0.5，1 mL精液有效精子数不应少于1亿，畸形精子不高于20%。

三是适宜的输精量。一般要求每次输精量为15～20 mL，有效精子数15亿～20亿。母猪一个情期输精两次，间隔12～24小时。

四是正确的输精操作。输精动作要求轻插、适深、慢注、缓出。输精前应将输精管前端涂抹少许润滑剂或用少许精液浸润阴门，将输精管轻轻插入阴道，沿阴道上壁向前滑进，进入子宫外口后，将输精管在子宫颈旋转滑动进入子宫，然后缓慢注入精液。如发现精液倒流应暂停输精，活动输精管，再继续输入精液。对于不安静母猪，可在输精过程中按压母猪腰部，或用手轻搔母猪尾根凹陷处，使母猪安静接受输精。为防止输精后精液倒流，可在输精结束时，猛拍一下母猪臀部。如果逆流严重，应重新输精。

三、制定配种计划

配种计划就是根据育种或生产上的要求，预先确定与配公母猪的关系及预期的配种日期等（表3-1），它是猪场生产计划的重要组成部分。

表3-1　配种计划（样表）

母猪耳号	计划与配公猪		预期种时间（年月日）	
	品种	胎次	主配	替补

配种计划对于避免配种的盲目性，防止不必要的近交，提高猪群的生产性能具有重要意义，也为统筹全年的配种、分娩工作，制定劳动组

织、饲料需求、猪群周转及产品销售计划提供依据。

四、配种记录

配种记录是记录与配公母猪号码、品种及配种日期等的一种表格（表3-2）。配种记录的作用是：

一是了解母猪的配种受胎情况，对未孕母猪可采取相应的技术措施，提高猪群的繁殖效率。

二是对已受孕母猪，可按妊娠母猪的饲养管理方案进行饲养管理，并可根据配种日期推算出预产期，以利于做好母猪的转舍和接产准备工作。

三是了解猪只的种性及其相互间的亲缘关系，是育种场和种猪繁育场重要的技术档案。

表3-2　配种记录（样表）

母猪			第一次配种					第二次配种				
耳号	品种	胎次	公猪耳号	公猪品种	日期	配种员	预产期	公猪耳号	公猪品种	日期	配种员	预产期

第二节　提高母猪受胎率的技术措施

一、保证母猪正常发情和排卵

1. 保证适宜的繁殖状况

具有适宜繁殖体状的母猪一般都能正常发情、排卵和受孕。一般认为，适宜的繁殖状况应为 7 ～ 8 成膘。母猪过肥（出现“夹裆肉”或“下颌肉”）往往发情不正常，排卵少且不规则，不易受孕，即使受孕，产仔少、弱仔多。当然，如果母猪过瘦（膘成在 6 成以下）也难正常发情和受孕。过瘦的母猪往往内分泌失调，卵泡不能正常发育，有的由于抵抗力低而易患病，甚至不得不过早淘汰，缩短了许多高产母猪的利用年限。这种情况大多发生在断乳母猪，即由于忽视对哺乳母猪的饲养或对哺乳母猪实行“掠夺式”利用造成的。

2. 短期优饲

短期优饲就是对于青年母猪或膘情较差的母猪，在母猪配种准备期（配种前 20 天以内，即在一个发情周期内）加强饲养。

青年母猪在配种准备期实行短期优饲，能增加排卵数 2 枚左右，从而增加产仔数，具体方法，可在原饲粮日喂量的基础上每日增喂精料 1.5 ～ 2.0 kg，配种后立即降到原来水平，确认妊娠后按妊娠母猪要求进行饲养。

对膘情较差的经产母猪短期优饲可尽快使其达到配种体况和正常发情排卵。成年母猪始终处于紧张的繁殖过程中，通常仔猪断乳后 1 周左右，母猪又会发情。由于哺乳期营养消耗较多，多数母猪断乳时膘情较差，但是，断乳后立即进行高水平饲养又往往引起乳房炎，因此，关键在于搞好哺乳期母猪的饲养管理，使母猪少掉膘，这样就可在断乳后头两天保持适宜饲养水平，3 ～ 4 天后开始短期优饲。

二、催情促排卵

为使母猪配种相对集中，或促使不发情的母猪发情排卵，可进行诱导发情或催情排卵。具体有以下几个方法。

1. 公猪诱情

母猪对公猪的求偶声、气味、鼻的触弄及追逐爬跨等刺激的反应，以听觉和嗅觉最为敏感。因此，可将试情公猪放入母猪栏使其追逐爬跨母猪，或使公猪与母猪隔栏饲养，使其相互间能闻到气味。这样公猪的

异性刺激就能通过神经反射作用，引起母猪脑下垂体前叶分泌促卵泡素，促使母猪发情排卵。

2. 早期断乳

泌乳和发情间有一定的关系。在正常情况下，断乳后 5 ～ 7 天母猪即可发情。为使母猪断乳后正常发情，可尽量缩短哺乳期，这样母猪能保持较好的体况以保证在断乳后正常发情，如 5 周左右断乳，90% 以上的母猪可在断乳后 1 周内发情。

3. 控制哺乳间隔

在哺乳后期减少仔猪昼夜哺乳次数，可促进母猪发情。如哺乳 4 周以后，每天让仔猪吃奶 2 次，或白天赶走母猪，夜间母仔同居，大约 1 周左右，母猪即可发情。

4. 药物催情

在正常饲养管理情况下，给母猪注射孕马血清，每次 5 mL，连续 4 ～ 5 天，或绒毛膜促性腺激素 1 000 IU，可促使母猪发情。有些中草药方剂也有催情作用。

三、加强种公猪的饲养管理并合理利用，提高精液品质

1. 种公猪的合理饲养

要使种公猪体质健壮、精液品质优良、性欲旺盛且配种能力强，必须按饲养标准进行饲养。同时应根据公猪的体况、配种任务等适当调整饲粮营养水平或日喂量。如在季节分娩制度下，种公猪配种期和非配种期，配种任务轻重不同，但由于调整饲粮营养水平较麻烦，配种准备期（季节性配种的配种期前 1 ～ 1.5 月）和配种期间可在非配种期饲粮喂量的基础上加喂牛奶、鸡蛋、鱼粉、胡萝卜等；或适当增加日喂量，如在非配种期日喂量控制在 2.0 ～ 2.5 kg，配种期日喂量增至 2.5 ～ 3.0 kg。

猪精液中的大部分物质为蛋白质，所以，在配种公猪饲粮时应特别

注意供给优质的蛋白质饲料，保证氨基酸的平衡，通常将鱼粉等动物性蛋白饲料和优质豆饼等植物性蛋白饲料搭配使用。

在饲粮配制时注意减小饲粮体积，应以精饲料为主配制饲粮，严格限制青粗饲料给量，饲粮调制时也不要过多地加水，防止公猪腹大下垂，降低配种能力。

种公猪的饲喂应定时定量，一般可日喂 3 次，每餐以喂九成饱为宜。非配种期也可日喂两次。

2. 种公猪的精心管理

（1）单栏饲养

种公猪宜单圈饲养，以避免互相爬跨，减少相互间干扰。若圈舍少，也可合群饲养，但必须从小合群，一般每圈 2 头，并应使同圈公猪体重大小相近、强弱相似，管理中应特别注意不能使不同圈栏内的公猪相遇，以免咬伤。

（2）适当运动

适当的运动可提高新陈代谢强度，促进食欲，强健体质，提高精液品质和配种能力，种公猪可单独运动，合群运动时应从小运行，并应剪（锯）掉獠牙。

（3）刷拭和修蹄

应经常刷试种公猪的皮肤，热天可以进行淋浴，以保持皮肤清洁卫生，促进血液循环，减少皮肤病或外寄生虫病。注意保护种公猪的肢蹄，对不良的蹄形应及时修剪，以免影响配种。

（4）定期称重

应定期称重以检查种公猪体重的变化，青年种公猪的体重应逐渐增加，但不能过肥；成年种公猪的体重应保持稳定，且保持种用状况。

（5）定期检查精液品质

实行人工授精的种公猪，每次采精都要检查精液品质，本交配种的种公猪，每月也要检查 1 ～ 2 次精液品质，特别是后备公猪开始利用前和成年公猪由非配种期转入配种期前，必须检查精液品质。

（6）防暑降温

高温使种公猪食欲降低，性欲减退，精液品质下降。有试验表明，种公猪在33℃下生活72小时，精液品质就受到严重的影响。因此，如遇高温时，应采取必要的防暑降温措施。

（7）定期预防注射

根据本地区流行病学情况，制定合理的免疫程序，定期对公猪进行预防注射，避免与有病母猪直接配种。

3. 种公猪的合理利用

配种利用是饲养种公猪的唯一目的。种公猪的合理利用可以增强配种能力，提高精液品质和配种效果，延长种公猪的利用年限。

（1）后备公猪的初配年龄和体重

后备种公猪的初配年龄和体重，因种性、饲养管理条件等的不同而有差异。我国地方猪种性成熟早，而引入猪种则性成熟较晚，但到性成熟年龄，并不意味着可以配种利用。如过早配种，不但影响公猪自身的生长发育，缩短利用年限，而且影响后代的质量。根据许多资料及生产经验，在正常饲养管理条件下，小型地方猪种可在7～8月龄、体重达70～80 kg开始配种利用；中型地方猪种和培育猪种可在8～9月龄、体重90～100 kg开始配种利用；大型引入猪种可在10～12月龄、体重110～120 kg开始配种利用。

（2）种公猪的利用强度

种公猪配种强度应以适度为原则，若配种利用过度，会显著降低精液品质，影响母猪的受胎率和产仔数，若长期不参加配种，也会使精液品质变差，性欲降低。具体应根据种公猪的年龄大小、体况进行安排。一般认为，1岁以内青年公猪每日可配种2次，每周最多8次；1岁以上青年公猪和成年公猪可每日配种2～3次，每周最多配种12次。在炎热天气，应适当降低配种利用强度。种公猪利用年限为3～4年。老龄公猪性机能已经下降，精液品质差，配种能力不强，应及时淘汰更新。

第四章 母猪饲养管理技术

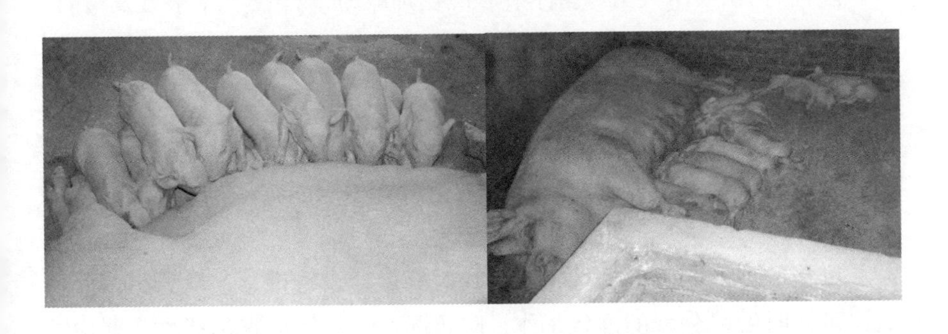

从精子与卵子结合，胚胎着床、胎儿发育直至分娩，这一时期对母体来说，称为妊娠期，对新形成的生命个体来说，称为胚胎期。妊娠母猪既是仔猪的生产者，又是营养物质的最大消费者，妊娠期约占母猪整个繁殖周期的2/3。因此，妊娠母猪饲养管理的主要任务是，以最少的饲料保证胎儿在母体内得到正常的生长发育，防止流产，同时，保证母猪有较好的体况，为产后初期泌乳及断乳后正常发情打下基础。

第一节 妊娠母猪的饲养管理

一、母猪早期妊娠的判定

妊娠判定的目的在于对未妊娠母猪重新配种或及时淘汰，尽量缩短空怀期，提高母猪的利用效率；对已妊娠的母猪按妊娠母猪要求饲养。

1. 妊娠判定方法

妊娠判定方法较多，比较常用的有：

配种前发情周期正常的母猪，交配后至下一次预定发情日不再发情，且有食欲增加、动作稳健、被毛渐有光泽、贪睡等表现，基本上可判定为妊娠。

配种后16～18天给母猪注射1 mg己烯雌酚，2～3天后表现发情的，说明未妊娠，无发情表现的表明已妊娠。

2. 妊娠期及预产期

母猪的妊娠期平均为114天，一般为112～116天，随品种、年龄、胎次等略有不同。为了便于记忆，可用"3，3，3"法，即母猪的妊娠期为3个月3个星期加3天。

母猪的预产期可根据母猪配种日及妊娠期进行推算，推算出预产期后，可及时做好分娩的准备工作，防止漏产。具体可查母猪预产期检索表（表4–1）。

表4–1　母猪预产期（检索表）

配种日	配种月											
	1	2	3	4	5	6	7	8	9	10	11	12
1	4.25	5.26	6.23	7.24	8.23	9.23	10.23	11.23	12.24	1.23	2.23	3.25
2	4.26	5.27	6.24	7.25	8.24	9.24	10.24	11.24	12.25	1.24	2.24	3.26
3	4.27	5.28	6.25	7.26	8.25	9.25	10.25	11.25	12.26	1.25	2.25	3.27
4	4.28	5.29	6.26	7.27	8.26	9.26	10.26	11.26	12.27	1.26	2.26	3.28
5	4.29	5.30	6.27	7.28	8.27	9.27	10.27	11.27	12.28	1.27	2.27	3.29
6	4.30	5.31	6.28	7.29	8.28	9.28	10.28	11.28	12.29	1.28	2.28	3.30
7	5.1	6.1	6.29	7.30	8.29	9.29	10.29	11.29	12.30	1.29	3.1	3.31
8	5.2	6.2	6.30	7.31	8.30	9.30	10.30	11.30	12.31	1.30	3.2	4.1
9	5.3	6.3	7.1	8.1	8.31	10.1	10.31	12.1	1.1	1.31	3.3	4.2
10	5.4	6.4	7.2	8.2	9.1	10.2	11.1	12.2	1.2	2.1	3.4	4.3
11	5.5	6.5	7.3	8.3	9.2	10.3	11.2	12.3	1.3	2.2	3.5	4.4
12	5.6	6.6	7.4	8.4	9.3	10.4	11.3	12.4	1.4	2.3	3.6	4.5
13	5.7	6.7	7.5	8.5	9.4	10.5	11.4	12.5	1.5	2.4	3.7	4.6
14	5.8	6.8	7.6	8.6	9.5	10.6	11.5	12.6	1.6	2.5	3.8	4.7

（续表）

配种日	配种月											
	1	2	3	4	5	6	7	8	9	10	11	12
15	5.9	6.9	7.7	8.7	9.6	10.7	11.6	12.7	1.7	2.6	3.9	4.8
16	5.10	6.10	7.8	8.8	9.7	10.8	11.7	12.8	1.8	2.7	3.10	4.9
17	5.11	6.11	7.9	8.9	9.8	10.9	11.8	12.9	1.9	2.8	3.11	4.10
18	5.12	6.12	7.10	8.10	9.9	10.10	11.9	12.10	1.10	2.9	3.12	4.11
19	5.13	6.13	7.11	8.11	9.10	10.11	11.10	12.11	1.11	2.10	3.13	4.12
20	5.14	6.14	7.12	8.12	9.11	10.12	11.11	12.12	1.12	2.11	3.14	4.13
21	5.15	6.15	7.13	8.13	9.12	10.13	11.12	12.13	1.13	2.12	3.15	4.14
22	5.16	6.16	7.14	8.14	9.13	10.14	11.13	12.14	1.14	2.13	3.16	4.15
23	5.17	6.17	7.15	8.15	9.14	10.15	11.14	12.15	1.15	2.14	3.17	4.16
24	5.18	6.18	7.16	8.16	9.15	10.16	11.15	12.16	1.16	2.15	3.18	4.17
25	5.19	6.19	7.17	8.17	9.16	10.17	11.16	12.17	1.17	2.16	3.19	4.18
26	5.20	6.20	7.18	8.18	9.17	10.18	11.17	12.18	1.18	2.17	3.20	4.19
27	5.21	6.21	7.19	8.19	9.18	10.19	11.18	12.19	1.19	2.18	3.21	4.20
28	5.22	6.22	7.20	8.20	9.19	10.20	11.19	12.20	1.20	2.19	3.22	4.21
29	5.23	—	7.21	8.21	9.20	10.21	11.20	12.21	1.21	2.20	3.23	4.22
30	5.24	—	7.22	8.22	9.21	10.22	11.21	12.22	1.22	2.21	3.24	4.23
31	5.25	—	7.23	—	9.22	—	11.22	12.23	—	2.22	—	4.24

二、胚胎的生长发育规律

1. 胚胎重量的变化

猪的受精卵只有 0.4 mg，初生仔猪重 1.2 kg 左右，整个胚胎期的重量增加 200 多万倍，而生后期的增加只有几百倍，可见胚胎期的生长强度远远大于生后期。

进一步分析胚胎的生长发育情况可以发现，胚胎期的前 1/3 时期中，胚胎重量的增加很缓慢，而胚胎期的后 2/3 时期，胚胎重量的增加很迅速。以民猪为例，妊娠 60 天时，胚胎重仅占初生重的 8.73%，其个体重的 60% 以上是在妊娠的后一个月增长的，所以加强母猪妊娠前、后两期的饲养管理是保证胚胎正常生长发育的关键。

民猪胚胎重量的变化见表 4–2。

表 4–2　民猪胚胎重量的变化

胎龄（日）	胚胎重（g）	占初生重比例（%）
20	0.101	0.01
25	0.552	0.05
30	1.632	0.16
60	87.73	8.73
90	375.03	37.30
出生	1 005.50	100.00

源自许振英,《中国地方猪种种质特性》, 1989

2. 胚胎的死亡及其原因

母猪一般排卵 20 ～ 25 枚，卵子的受精率高达 95% 以上，但产仔数只有 11 头左右，这说明近 30% ～ 40% 的受精卵在胚胎期死亡。胚胎死亡一般有 3 个高峰期：

一是妊娠前 30 天内的死亡。卵子在输卵管的壶腹部受精形成合子，合子在输卵管中呈游离状态，并不断向子宫游动，24 ～ 48 小时到达子宫系膜的对侧上，并在它周围形成胎盘，这个过程需 12 ～ 24 天。在第 9 ～ 13 天的附植初期及 20 天左右的器官分化期，受精卵易受各种因素的影响而死亡，这一时期的死亡率约占受精卵总数的 30%。

二是妊娠中期的死亡。妊娠 60 ～ 70 天后胚胎生长发育加快，由于胚胎在争夺胎盘分泌的某种有利于其发育的类蛋白质类物质而造成供应不均，致使一部分胚胎死亡或发育不良。此外，粗暴地对待母猪，如鞭打、追赶等以及母猪间互相拥挤、咬架等，都能通过神经刺激而干扰子宫血液循环，减少对胚胎的营养供应，增加死亡。这一时期死亡比例约为 10%。

三是妊娠后期和临产前的死亡。此期胎盘停止生产，而胎儿迅速生长，或由于胎盘机能不健全，胎盘循环失常，影响营养物质通过胎盘，不足以供给胎儿发育所需营养或营养不全，致使胚胎死亡。同时，母猪临产前受不良刺激，如挤压或剧烈活动等，也可导致脐带中断而死亡，其死亡率约为 5%。

胚胎存活率高低，表现为窝产仔数。影响胚胎存活率高低的因素很多，也很复杂。

一是遗传因素。不同种性猪的胚胎存活率有一定的差异。据报道，梅山猪在妊娠 30 日龄时胚胎存活率（85% ～ 90%）高于大白猪（66% ～ 70%），其原因与其子宫内环境有很大关系。

二是近交与杂交。繁殖性状是近交反应最敏感的性状之一，近交往往造成胚胎存活率降低，畸形胚胎比例增加。因此在商品生产群中要竭力避免近亲繁殖。杂交与近交的效应相反，繁殖性状是杂种优势表现最明显的性状，窝产仔数的杂种优势率在 15% 以上。因此，在商品生产中应尽力利用杂种母猪。

三是母猪年龄。在影响胚胎存活率的诸因素中，母猪的年龄是一个影响较大、最稳定、最可预见的因素。一般规律是，第 3 胎至第 6 胎保持较高的产仔数水平，以后开始下降。因此，要注意淘汰繁殖力低的老龄母猪，由壮龄母猪构成生产群。

四是公猪的精液品质。在公猪精液中，精子占 2% ～ 5%，1 mL 精液中约有 1.5 亿精子，正常精子占大多数。公猪精液中精子密度过低、死精子或畸形精子过多、pH 值过高或过低、颜色发红或发绿等，均属异常精液，用产生异常精液的公猪进行配种或进行人工授精，会降低受精率，使胚胎死亡率增高。

五是母猪体况及营养水平。母猪的体况及饲粮营养水平对母猪的繁殖性能有直接的影响。母体过肥、过瘦都会使排卵数减少，胚胎存活率降低。妊娠母猪过肥会导致卵巢、子宫周围过度沉积脂肪，使卵子和胚胎的发育失去正常的生理环境，造成产仔少，弱小仔猪比例上升。在通常情况下，妊娠前、中期容易造成母猪过肥，尤其是在饲粮缺少青绿饲料的情况下，危害更为严重。母猪过瘦，也会使卵子、受精卵的活力降低，进而使胚胎的存活率降低。中上等体况的母猪，胚胎成活率最高。

六是温度。高温或低温都会降低胚胎存活率，尤以高温的影响较大。在 32℃左右的温度下饲养妊娠 25 天的母猪，其活胚胎灵敏要比在 15.5℃饲养的母猪约少 3 个。因此，猪舍应保持适宜的温度 16 ～ 22℃，相对湿度 70% ～ 80% 为宜。

可采取一些措施提高母猪的产仔率。如母猪配种前的短期优饲、配种时采用复配法、建立良好的卫生条件以减少子宫的感染机会、严禁鞭打、合理分群以防止母猪互相拥挤、咬架等，均可提高母猪的产仔数。

三、妊娠母猪的饲养

1. 妊娠母猪的饲粮配合

（1）饲粮营养水平

从饲粮的营养构成上来看，一般来说，在一定限度内妊娠期能量水平对产仔数无影响，但高能量水平，特别是妊娠初期高能量水平会导致胚胎死亡率增加，妊娠初期降低能量水平还有利于胚胎成活。如果能量水平足够，蛋白质水平对产仔数影响较小，但可降低仔猪的初生重，并降低母猪产后的泌乳力。而产仔数的减少，死胎、木乃伊、畸型仔猪、弱仔猪的增加的主要原因（除遗传、近交、疾病外）是妊娠期饲粮中维生素和矿物质缺乏，因此，应严格按照妊娠母猪的饲养标准配制饲粮。

（2）供给青粗饲料

实践证明，在满足饲粮能量、蛋白质的前提下，供给适当的青粗饲料，可获得良好的繁殖成绩，单纯利用精料的饲养方法并不优越。青粗饲料可补充精饲料中维生素、矿物质的不足，并可降低饲料成本。欲以青粗饲料代替部分精料时，可按每日营养需要量及日采食量来确定青粗饲料比例，一般在妊娠母猪的日粮中，精料和青粗料的比例可按 1∶（3 ～ 4）投给。

（3）适当的日粮体积

适当的日粮体积可使母猪有饱腹感，青饲料含水多，体积大，与妊娠母猪需大量营养物质而胃肠容积有限是一个矛盾，粗饲料含纤维多，适口性差，这与妊娠母猪的生理特点和营养需要又是一个矛盾。因此，要注意青粗饲料的加工调制（如打浆、切碎、青贮等）和增加饲喂次数。

2. 妊娠母猪的饲养方式

应根据母猪及母体内胚胎的生理特点和饲养妊娠母猪。整个妊娠期有两个关键时期，即妊娠初期和妊娠后期。妊娠初期是受精卵着床期，营养需要量虽不是很大，但需很完善，尤其是对维生素、矿物质要求很严格。后期胚胎生长发育较快，对营养物质的需要量很大。因此，妊娠母猪的饲养方式有以下几种。

（1）高—低—高的饲养方式

这种饲养方式适用于断乳后体况较差的母猪。母猪经过分娩和一个哺乳期后，营养消耗很大，为使其担负下一阶段的繁殖任务，必须在妊娠初期加强营养，使它迅速恢复繁殖状况，这个时期连同配种前 7 ～ 10 天共计一个月左右，应加喂精料，特别是富含维生素的饲料，待体况恢复后加喂青粗饲料或减少精料，并按饲养标准饲喂，直至妊娠 90 天后，再加喂精料，以增加营养供给。这种饲养方式，形成了“高—低—高”的营养水平，后期的营养水平应高于妊娠前期。

（2）步步高的饲养方式

这种方式适用于青年母猪和哺乳期配种的母猪，前者本身还处于生长发育阶段，后者还需负担哺乳，营养需要量较大。因此，在整个妊娠期间的营养水平，是根据母猪自身的生长发育需要及胚胎体重的增长而逐步提高的，至分娩前一个月左右达到最高峰。这种饲喂方法是随着妊娠期的延长，逐渐增加精料比例，并增加蛋白质和矿物质饲料，到产前 3 ～ 5 天逐渐减少饲料日喂量。

（3）前低后高的饲养方式

对配种前体况较好的经产母猪可采用此方式。因为妊娠初期胚胎体重增加很小，加之母猪膘情良好，这时按照配种前期营养需要的饲粮中多喂青粗饲料或控制精料给量，使营养水平基本上能满足胚胎生长发育的需要。到妊娠后期，由于胎儿生长发育加快，营养需要量加大，故应加喂精料，以满足胎儿生长发育的营养需要。

无论采用哪种方式，都应防止母猪过瘦或过肥，使妊娠期增重控制在 30 ～ 45 kg 为宜。最近 20 年来在总结猪营养需要研究的基础上确定了母猪应采取“低妊娠、高泌乳”的营养方式。母猪在妊娠期的增重，青年母猪以 40 ～ 45 kg、成年母猪以 30 ～ 35 kg 为宜，且增重的妊娠前、后期几乎各占一半，后期略高。前期以母体自身增重占绝大部分，子宫内容物的增加极少，后期母体增重相对较少，子宫内容物增加相对增多，因胎儿重量的 2/3 是在妊娠的后 1/4 时间增长的。有人认为，母猪在妊娠期应有足够的供泌乳的营养储备，故应使妊娠母猪较肥。现在看来，这样做没有必要，与其妊娠期在体内储备营养供泌乳所用，还不如增加泌乳期营养更加经济，因为妊娠期营养储备造成营养物质的二次转化（吸收的营养物质沉积于体组织，再从体组织转化供泌乳），必然降低效率，造成饲料浪费。再者，母猪泌乳期采食量与妊娠期采食量成反比，因母猪妊娠期采食量大，母猪较肥而食欲下降。泌乳期采食量以妊娠期体增重适当的母猪为高，且体重损失较小。

妊娠母猪食欲旺盛，精料应按定量饲喂，同时应保证供给充足的饮水，特别是在用生干料饲喂的情况下更应如此。并保证饲料卫生，防止死胎和流产，严禁饲喂发霉、腐败、变质、冰冻及带有毒性和中烈刺激性的饲料，菜籽饼、棉籽饼等不脱毒不能喂，白酒糟内有酒精残留，会对妊娠母猪产生一定的危害。注意食槽的清洁卫生，一定要在清除变质的剩料后，才能投新料。

四、妊娠母猪的管理

妊娠母猪管理的中心任务是做好保胎工作，促进胎儿的正常发育，防止机械性流产。

1. 合理分群

传统饲养方式中，妊娠母猪多合群饲养，以便提高圈舍的利用率。分群时应按母猪大小、强弱、体况、配种时间等进行，以免大欺小、强欺弱。妊娠前期，每个圈栏可养 3 ～ 4 头，妊娠中期每圈 2 ～ 3 头，妊娠后期宜单圈饲养，临产前 5 ～ 7 天转入分娩舍。

2. 适当运动

在妊娠的第一个月，关键是恢复母猪体力，此期重点是安排好营养供给，保证充分休息，少运动。一个月后，应使妊娠母猪每天自由运动 2 ～ 3 小时，以增强其体质，并接受充足的阳光，但大量的运动是没有必要的。妊娠后期应适当减少运动，临产前 5 ～ 7 天停止运动。

3. 减少和防止各种有害刺激

对妊娠母猪粗暴，鞭打、强度驱赶、跨沟、咬架以及挤撞等刺激容易造成母猪的机械性流产。

4. 防暑降温及防寒保温

在气候炎热的夏季，应做好防暑降温工作，减少驱赶运动。高温不仅引起部分母猪不孕，还易引起胚胎死亡和流产。母猪妊娠初期，尤其是第一周遇高温（32 ～ 39℃）天气，即使只有 24 小时也可增加胚胎死亡。第三周以后母猪的耐热性增加，因此，在盛夏酷热季节应采取防暑降温措施，如洒水、搭凉棚、运动场边植树等，以防止热应激造成胚胎死亡，提高产仔数。冬季则应加强防寒保温工作，防止母猪感冒发烧引起胚胎的死亡和流产。

5. 预防疾病性流产和死产

猪流行性乙型脑炎、细小病毒病、流行性感冒等疾病均可引起流产或死产，应按合理的免疫程序进行免疫注射，预防疾病发生。

6. 注意保持猪体卫生

防止猪虱和皮肤病的发生。皮肤病不仅影响妊娠母猪的健康，而且在分娩后也会传染给仔猪。

第二节 母猪分娩前后的护理

分娩是母猪整个繁殖周期中最繁忙的一个环节，分娩前后母猪饲养管理的主要任务是，保证母猪安全分娩，产下的仔猪多活全壮。

一、母猪分娩前的护理

1. 母猪分娩前的准备

分娩条件对母猪、仔猪的影响均较大，应做好相应的准备工作。

（1）分娩舍的准备

根据母猪预产期，应在母猪分娩前 1 周准备好分娩舍（产房）。分娩舍要求：①温暖。舍内温度最好控制在 15 ～ 18℃。同时，应配备仔猪的保温装置（护仔箱等）。如用垫草，应提前将垫草放入舍内，使其温度与舍温相同。要求垫草干燥、柔软、清洁，长短适中（10 ～ 15 cm）。炎热季节应注意防暑降温和通风，若温度过高，通风不好，对母猪、仔猪均不利；②干燥。舍内相对湿度最好控制在 65% ～ 75%；③卫生。母猪进入分娩舍前，要进行彻底的清扫、冲洗、消毒工作，清除过道、猪栏、运动场等的粪便、污物，地面、圈栏、用具等用消毒液刷洗消毒，墙壁、天棚等用石灰乳粉刷消毒，对于发生过仔猪下痢等疾病的猪栏更应彻底消毒。

此外，要求产房安静，阳光充足，空气新鲜，产栏舒适，否则易使分娩推迟，分娩时间延长，仔猪死亡率增加。

（2）母猪进入分娩舍

为使母猪适应新的环境，应在产前 3 ～ 5 天将母猪转入分娩舍，进分娩栏过晚，母猪精神紧张，影响正常分娩。在母猪进入分娩舍前，要清除猪体尤其是腹部、乳房、阴户周围的污物，有条件的可进行母猪的淋浴，效果更佳。进栏宜在早饲前空腹时进行，将母猪赶入产栏后立即进行饲喂，使其尽快适应新的环境。母猪进栏后，饲养员应训练母猪，使之养成在指定地点趴卧、排泄的习惯。

（3）准备分娩用具

为准备接产所用，应准备如下接产用具和药物：洁净的毛巾或拭布两条（一条为接产人员擦手用，另一条为擦拭仔猪用），剪刀一把，5%碘酊、高锰酸钾溶液（消毒剪断的脐带），凡士林油（难产助产时用），称仔猪的秤及耳号钳、分娩记录卡等。

2. 产前母猪的饲养管理

（1）合理饲养

视母猪体况投料，体况较好的母猪，产前 3 ～ 5 天应减少精料的 10% ～ 20%，以后逐渐减料，到产前 1 ～ 2 天减至正常喂料量的 30%，避免产后最初几天泌乳量过多、乳脂过高引起仔猪下痢或母猪发生乳房炎。但对体况较差的母猪不但不能减料，而且应增加一些营养丰富的饲料以利泌乳。

在饲料的配合调制上，应停用干粗不易消化的饲料，而且一些易消化的饲料，在配合日粮的基础上，可应用一些青饲料，调制成稀食饲喂。产前可饲麸皮粥等轻泻性饲料，防止母猪便秘、乳房炎、仔猪下痢。

（2）悉心管理

产前 1 周应停止驱赶运动和大群放牧、饲喂，以免由于母猪间互相挤撞造成死胎或流产。饲养员应有意多接触母猪，并按摩母猪乳房，以利于母猪产后泌乳、接产和对仔猪的护理。

对伤乳头或其他可能影响泌乳的疾病应及时治疗，不能利用的乳头或伤乳头应在产前封好或治好，以防母猪产后因疼痛而拒绝哺乳。

产前1周左右，应随时观察母猪产前征兆，尤其是加强夜间看护工作，以便及时做好接产准备。

二、母猪的分娩与接产

1. 母猪的产前征兆与分娩过程

（1）产前征兆

母猪临产前在生理上和行为上都发生一系列变化（产前征兆），掌握这些变化规律既可防止漏产，又可合理安排时间。因此，饲养员应注意掌握母猪的一些产前征兆。

产前征兆主要有以下几点。

腹部膨大下垂，乳房膨胀有光泽，两侧乳头外张，从后面看，最后一张对乳头呈“八”字形，用手挤压有乳汁排出（一般初乳在分娩前数小时或一昼夜就开始分泌，个别产后才分泌）但应注意营养较差的母猪，乳房的变化不十分明显，要依靠综合征兆作出判断。

母猪阴户松弛红肿，尾根两侧开始凹隐，母猪表现站卧不安，时起时卧，闹圈（如咬地板、猪栏和衔草做窝等）。一般出现这种现象后6～12小时产仔。

母猪频频排尿，阴部流出稀薄黏液，母猪侧卧，四肢伸直，阵缩时间逐渐缩短，呼吸急促，表明即将分娩。

（2）分娩过程

分娩是借子宫和腹肌的收缩，把胎儿及其附属膜（胎衣）排出来。分娩开始时，子宫纵肌和环肌向子宫颈方向产生节律性收缩运动，迫使胎液和胎膜推向子宫颈，子宫颈开张与阴道成为一个连续通道，使胎儿和尿囊绒毛膜被迫进入骨盆入口，尿囊绒毛膜在此破裂，尿囊液流出阴道。当胎儿和羊膜进入骨盆，引起腹肌的反射性及随意性收缩，使羊膜内的胎儿通过阴门。

猪的胎儿均匀分布在两侧子宫角中，胎儿排出是近子宫颈处的胎儿开始，有顺序地进行。从产式上看，无论头位和臀位均属正常产式。

一般正常的分娩间歇时间为 5 ～ 25 分钟，分娩持续时间依母猪、胎儿多少而有所不同，一般为 1 ～ 4 小时。在仔猪全部产出后约 10 ～ 30 分钟胎盘便排出。

2. 母猪的接产

母猪一般多在夜间分娩，安静的环境对临产母猪非常重要，对分娩中的母猪更为重要。因此，在整个接产过程中，要求安静，禁止喧哗和大声说笑，动作迅速准确，以免刺激母猪引起母猪不安，影响正常分娩。

（1）助产

胎儿娩出后，立即用洁净的毛巾、拭布或软草迅速擦去仔猪鼻端和口腔内的黏液，防止仔猪憋死或吸进液体呛死，然后用拭布或软草彻底擦干仔猪全身的黏液。尤其在冬季，擦得越快、越干越好，以促进血液循环和防止体热散失，然后将连于胎盘的脐带在距离仔猪腹部 3 ～ 4 cm 左右处把脐带用手指掐断或用剪刀剪断（一般为防止仔猪流血过多，不用剪刀），在断处涂抹碘酒消毒。断脐出血多时，可用手指掐住断头，直到不出血为止，或用线结扎。留在腹部的脐带 3 天左右即可自行脱落。最后将仔猪移至安全、保温的地方，如护仔箱内。

（2）救助假死仔猪

生产中常常遇到娩出的仔猪，全身松软，不呼吸，但心脏及脐带基部仍在跳动，这样的仔猪称为假死仔猪。一般来说，心脏、脐带跳动有力的假死仔猪经过救助大多可救活。

假死原因：脐带早断，在产道内即拉断；胎位不正，分娩时胎儿脐带受到压迫或扭转；仔猪在产道内停留时间过长（过肥母猪、产道狭窄的初产母猪发生较多）；仔猪被胎充包裹；黏液堵塞气管等。

救助方法：用毛巾、拭布或软草迅速将仔猪鼻端、口腔处的黏液擦去，对准仔猪鼻孔吹气，或往口中灌点水。如仍不能救活假死仔猪，则应进行人工呼吸，用力按摩仔猪两侧肋部，或倒提仔猪后腿，用手连续轻拍其胸部，促使呼吸道畅道，也可用手托住仔猪的头颈和臀部，使腹部向上，进行曲伸。如能将仔猪放入 37 ～ 39℃的温水中进行人工呼吸，效果更好，但仔猪的头部要露出水面，待仔猪呼吸恢复后立即擦干皮肤。

救助过来的假死仔猪一般较弱，需进行人工辅助哺乳和特殊护理，直至仔猪恢复正常。

（3）难产处理及其预防

母猪分娩过程中，胎儿不能顺利产出的为难产。母猪分娩一般都很顺利，但有时也发生难产，发生难产时，若不及时采取措施，可能造成母仔双亡，即使母猪幸免而生存下来，也常易发生生殖器官疾病而导致不育。

难产原因：母猪骨盆发育不会，产道狭窄（初产母猪多见）；死胎多或分娩缺乏持久力，宫缩迟缓（老龄母猪、过肥母猪、营养不良母猪和近亲交配母猪多见）；胎位异常，胎儿过大（寡产母猪多见）。

救助方法：对于已经发育完善待产的胎儿来说，其生命的保障在于及时离开母体，分娩时间延长易造成胎儿窒息死亡。因此，发现分娩慢的母猪应尽早处理，具体救助方法取决于难产的原因及母猪本身的特点。难产处理方法常见于以下两种：①对老龄体弱、娩力不足的母猪，可进行肌肉注射催产素，促进子宫收缩，必要时可注射强心剂；②人工助产注射催产素后，如半小时左右胎儿仍未产出，应进行人工助产。人工助产时，助产人员应将指甲剪短、磨光（以防损伤产道）；手及手臂先用肥皂水洗净，用 2% 来苏尔液（或 1% 高锰酸钾液）消毒，再用 75% 医用酒精消毒，然后在已消毒的手及手臂上涂抹清洁的润滑剂；同时将母猪外阴部用上述消毒夜消毒；将手指尖合拢呈圆锥状手心向上，在母猪努责间歇时将手及手壁慢慢伸入产道，握住胎儿的适当部位（眼窝、下颌、腿）后，随着母猪每次努责，缓慢将胎儿拉出，拉出 1 头仔猪后，如转为正常分娩，则不再用手术取出。助产后应给母猪注射抗生素类药物，防止感染。

（4）清理胎衣及被污染的垫草

母猪在产后半小时左右排出胎衣，母猪排出胎衣，表明分娩已结束，此时应立即清除胎衣。若不及时清除胎衣，被母猪吃掉，可能会引起母猪食仔的恶癖。污染的垫草等也应清除，换上新垫草，同时，将母猪阴部、后躯等处血污清洗干净、擦干。胎衣也可利用，将其切碎煮汤，分数次喂给母猪，有利母猪恢复和泌乳。

（5）剪牙、编号、称重并登记分娩卡片

仔猪的犬齿（上、下颌的左右各两颗）容易咬伤母猪乳头，应在仔猪生后剪掉。剪牙的操作很方便，有专用的剪牙钳，也可用指甲刀，但要注意剪平。编号便于记载和辨认，对种猪具有更大意义，可以搞清猪只来源、发育情况和生产性能。编号方法很多，目前，多用剪耳法，即利用剪耳号钳子在猪耳朵上打缺，每剪一个缺口，代表一定的数字，几个数字共同构成猪个体号。编号后应及时称重并按要求填写分娩卡片（表 4–3）。

表 4–3　分娩哺育记录（样表）

母猪号	公猪号	母猪产次	分娩日期	仔猪窝号	总产仔数	健活仔数	死胎数	木乃伊数
仔猪个体号	1	2	3	4	5	……	总重	平均重
初生重								
21 日龄重								
日龄断乳重								
备注								
记录人：								

第三节 哺乳母猪的饲养管理

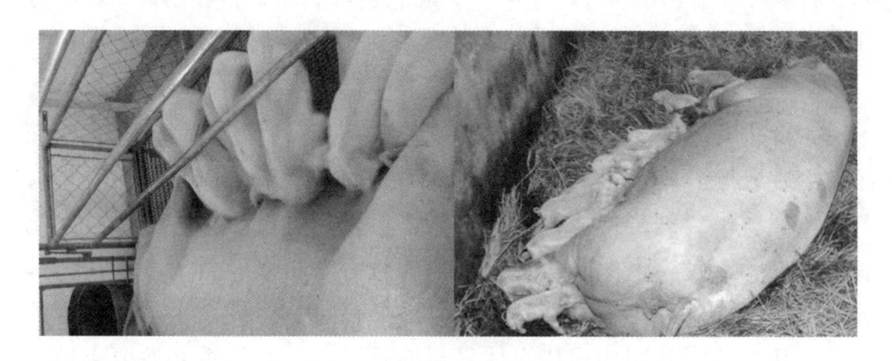

母乳是仔猪生后20天内的主要营养物质来源，母猪的泌乳力决定哺乳仔猪的育成率和生长速度，母猪产后泌乳力情况见表4-4。因此，哺乳母猪饲养管理的基本任务是保证母猪能够分泌充足的乳汁，同时，使母猪保持适当的体况，保证母猪在仔猪断乳后能正常发情与排卵，进入下一个繁殖周期。

一般母猪泌乳期产奶量在400 kg以上，产后20～30天是泌乳高峰。

一、母猪的泌乳规律

1. 母猪的泌乳量

（1）母猪乳腺结构

猪有十几个乳房，每个乳房有2～3个乳腺团，各乳头间互相没有联系。母猪的乳房没有乳池，不能随时排乳，因此仔猪也就不能随时都能吃到母乳。在分娩时，由于催产素的作用，使乳腺中围绕腺泡的肌纤维收缩，将乳排出，因此，分娩时乳头中可随时挤出乳汁。以后，母猪的排乳反射逐渐建立，当仔猪用鼻拱揉乳房时，这种刺激通过中枢神经系统传到腺泡，使腺泡开始泌乳。

（2）母猪的泌乳量

母猪 1 次泌乳量约 250 ～ 400 g，整个泌乳期可产乳 250 ～ 500 kg，平均每天泌乳 5 ～ 9 kg。整个泌乳期泌乳量呈曲线变化，一般约在分娩后第 5 天开始上升，至 15 ～ 25 天达到高峰，之后逐渐下降。母猪产后泌乳力情况见表 4–4。

表 4–4　母猪产后泌乳力情况

产后天数	10	20	30	40	50	60
产奶量（kg）	7.81	9.7	10.23	8.00	6.21	4.12
泌乳次数	23.8	21.3	23.0	19.5	19.3	16.5
母乳营养	100	97	84	50	37	27

母猪不同乳房的泌乳量不同，前面几对乳房的乳腺及乳管数量比后面几对多，排出的乳量也多，尤以第 3 ～ 5 对乳房的泌乳量高。仔猪有固定乳头吸吮的习性，因此，可通过人工将弱小的仔猪放在前面的几对乳头上，从而使同窝仔猪发育均匀。

（3）泌乳次数和泌乳间隔时间

母猪泌乳次数随着产后天数的增加而逐渐减少，一般在产后 10 天左右泌乳次数最多。在同一品种中，日泌乳次数多的，泌乳量也高，但在不同品种中，日泌乳次数和泌乳量没有必然的联系，往往泌乳次数较少，但每次泌乳量较高，如太湖猪、民猪，60 天哺乳期内，平均日泌乳 25.4 次，共 6.2 kg，而大白和长白猪平均日泌乳 20.5 次，共 9.8 kg。

（4）乳的成分

母猪的乳汁可分为初乳和常乳。初乳通常指产后 3 天内的乳，以后的乳为常乳。初乳中干物质、蛋白质含量较高，而脂肪含量较低（表 4–5）。初乳中含镁盐，具有轻泻作用，可促使仔猪排出胎粪和促进消化道蠕动，因而有助于消化活动。初乳中含有免疫球蛋白，能增强仔猪的抗病能力。因此，使仔猪生后及时吃到初乳非常必要。

表 4–5　母猪初乳和常乳的组成质量分数

成分	初乳（%）	常乳（%）
干物质	25.76	19.89
蛋白质	17.77	5.79
脂肪	4.43	8.25
乳糖	3.46	4.81
灰分	0.63	0.94
钙	0.05	0.25
磷	0.08	0.17

资料来源：张龙志等 .《养猪学》，1982

2. 影响母猪泌乳量的因素

影响母猪泌乳量的因素包括遗传和环境两大类。诸如品种（系）、年龄（胎次）、窝带仔数、体况及哺乳期营养水平等。

（1）品种（系）

品种（系）不同，泌乳力也不同，一般规律是大型肉用型或兼用型猪种的泌乳力较高，小型脂肪猪种的泌乳力较低。如民猪平均日泌乳量国 5.65 kg，哈白猪为 5.74 kg，大白猪为 9.20 kg，长白猪为 10.31 kg。

同一品种内不同品种系间的泌乳力也有差异，如同属太湖猪的枫泾系日泌乳量为 7.44 kg，梅山系为 6.43 kg，沙乌头为 77.60 kg，二花脸系为 6.20 kg。此外，不同品种（系）间杂交，其后代的泌乳力也有变化。

（2）胎次（年龄）

在一般情况下，初产母猪的泌乳量低于经产母猪，原因是初产母猪乳腺发育不完全，又缺乏哺育仔猪的经验，对于仔猪哺乳的刺激，经常处于兴奋或紧张状态，加之自身的发育还未完善，泌乳量必然受到影响，同时排乳速度慢。据测定，民猪、哈白猪 60 天哺乳期内，初产母猪平均日泌乳量比经产母猪分别低 1.20 kg 和 1.45 kg。

一般来说，母猪的泌乳从第二胎开始上升，以后保持一定水平，6～7胎后有下降趋势。我国繁殖力高的地方猪种，泌乳量下降较晚。

（3）带仔猪

母猪一窝带仔数多少与其泌乳量关系密切，窝带仔数多的母猪，泌乳量也大（表4–6），但每头仔猪每日吃到的乳量相对减少。

表4–6　窝内仔猪数对母猪泌乳量的影响

窝内仔猪数（头）	母猪的泌乳量（kg/日）	仔猪的吸乳量[kg/（日·头）]
6	5～6	1.0
8	6～7	0.9
10	7～8	0.8
12	8～9	0.7

资料来源：纪孙瑞等.《母猪饲养新技术》，1988

带仔数增加，母猪的泌乳量增加。如前所述，母猪的放乳必须经过仔猪的拱乳刺激引起脑垂体后叶分泌催产素，然后才放乳，而未被吃乳的乳头分娩后不久即萎缩，因而带仔数多，泌乳量也多。

（4）分娩季节

春秋两季，天气温和凉爽，母猪食欲旺盛，所以在这两季分娩的母猪，其泌乳量一般较高。夏季天气炎热，影响母猪的体热平衡，冬季严寒，母猪体热消耗过多。因此，冬夏分娩的母猪泌乳受到一定程度的影响。

（5）营养与饲养

母乳中的营养物质来源于饲料，若不能满足母猪需要的营养物质，母猪的泌乳潜力就无从发挥，因此饲粮营养水平是决定泌乳量的主要因素。在配制哺乳母猪饲粮时，必须按饲养标准进行，一是保证适宜的能量和蛋白质水平，最好要有少量动物性饲料，如鱼粉等；二是要保证矿物质和维生素含量，否则不但影响母猪泌乳量，还易造成母猪瘫痪。

泌乳期饲养水平过低，除影响母猪的泌乳力和仔猪发育，还会造成母猪泌乳期失重过多，影响断乳后的正常发情配种。

（6）管理

清洁干燥、舒适而安静的环境对泌乳有利。因此，哺乳舍内应保持清洁、干燥、安静，禁止喧哗和粗暴地对待母猪，不得随意更改工作日程，以免干扰母猪的正常泌乳。若哺乳期管理不善，不但降低母猪的泌乳量，还可能导致母猪发病，大幅度降低泌乳量，甚至无乳。

二、哺乳母猪的饲养

1. 哺乳母猪的喂料量

（1）营养需要与饲粮配合

哺乳母猪代谢旺盛，对营养物质需求量大。哺乳母猪的营养需要量包括维持需要量和泌乳需要量。据测定，母猪泌乳期间的维持需要量比妊娠母猪和空怀母猪高 5% ～ 10%，泌乳需要量约为 1 kg 乳 8 MJ 代谢能，据此可按母猪体重、泌乳量计算哺乳母猪的饲料量。一个简单方法是，在维持需要的基础上，每哺育 1 头猪增加 0.5 kg 饲料。

泌乳母猪的饲料需要量见表 4–7。

表 4–7　泌乳母猪的饲料需要量 *

产仔时体重（kg）	145	165	185
产乳量（kg）	5.0	6.25	7.5
维持饲料（kg）	1.44	1.66	1.86
泌乳饲料（kg）	3.20	4.15	5.04

* 1 kg 饲料含 12.6 MJ 代谢能

资料来源：M.W.A.Verstegen 等 .《Pig News and Information》，1989.3

（2）哺乳母猪的喂料量

哺乳母猪的泌乳变化规律是哺乳母猪合理用料的依据，泌乳量升高时应多喂精料，下降重时应减料，否则不是泌乳量下降，就是饲料利用不经济。体况较好的母猪，一般产前减料，产后逐渐加料。分娩当天可以停料，但要保证饮水，分娩后 6 ～ 8 小时喂以麸皮粥（0.5 kg 麸皮加 5 kg 水）或稀粥料，产后 3 ～ 5 天中料，至一周左右加至原量，以后逐渐增加，至第 20 天左右到达最大量（不限量，能吃多少投多少），维持 7 ～ 10 天，以后逐渐减少投料量，至断乳时减至妊娠后期的日喂量。

哺乳母猪的合理饲养，可以防止泌乳期过度减重而影响下次繁殖性能。但当母猪带仔较多时，由于母猪的采食量有限，往往在充分饲喂情况下也会过度减重，补救的办法是调整带仔或早期断奶。对成母猪来说，一般要求断乳时体重应和上次配种时体重相近。通常认为，母猪在断乳后 7 ～ 10 天能够正常发情配种的就不算营养缺乏。对于青年哺乳母猪，除泌乳和维持需要外，还有自身生长发育的需要，青年母猪到第四胎才达到成年体重。因此，对青年哺乳母猪来说，哺乳后期饲料应缓慢减少，青年哺乳母猪的减重也应少于成年母猪。

（3）饲喂次数

哺乳母猪以日喂4次为好，各次时间要定时而又不能过于集中，以6～7时、10 ～ 11 时、15 ～ 16 时、22 ～ 23 时为宜。如果晚餐过早，不仅影响母猪的泌乳力，而且后半夜母猪无饱腹感，常起来觅食，母仔不安静，从而增加压死、踩死仔猪的机会。如果饲粮中有青绿饲料，应增加饲喂次数。

（4）保证充足的饮水

母猪在非哺乳期每天饮水量通常为采食量（按风干重计）的 5 倍，为个体重的 25% 左右。而在哺乳期，由于泌乳的需要，需水量增加。夏季，高泌乳量以及采食生干料的母猪，需水量更大，保证充足饮水更为重要。

2. 哺乳母猪的管理

猪舍内应保持温暖、干燥、卫生，圈栏内的排泄物应及时清除，猪舍内圈栏、工作道及用具等应定期进行消毒。尽量减少噪音，避免大声喧哗，严禁鞭打或强度驱赶母猪，创造有利于母猪泌乳的舒适环境。在有条件的情况下，可让母猪带仔猪到舍外自由活动，以利于提高母猪泌乳量，改善乳质，促进仔猪发育。

要注意保护母猪乳头并保持乳头的清洁。对于初产母猪，因产仔数较少，在固定乳头时，应安排部分仔猪吸吮两个乳头，从而使每个乳头都有仔猪哺乳，避免有乳头因无仔猪哺乳而成为不泌乳的瞎乳头，影响以后的泌乳和仔猪哺育。

第五章
仔猪培育技术

仔猪的培育是母猪生产中的关键环节，母猪生产水平高低的集中反映就是每头母猪一年提供的断乳仔猪数，即母猪年生产力水平。因此，仔猪培育的任务是获得最高的成活率、最大的断乳个体重。在生产中根据仔猪不同时期生长发育的特点及对饲养管理的要求，通常将仔猪的培育分为两个阶段，即哺乳仔猪培育阶段和断乳（保育）仔猪培育阶段。

第一节 哺乳仔猪的培育

一、哺乳仔猪的生长发育及生理特点

1. 生长发育快，物质代谢旺盛

与其他家畜相比，初生仔猪体重相对最小，还到成年体重的 1%。为弥补胚胎期生长发育的不足，出生后生长发育迅速，10 日龄时体重可达初生重的 2 倍以上，30 日龄时可达 5 ～ 6 倍，60 日龄时达 10 ～ 15 倍或更多（见表）。如按月龄的生长强度计算，第一个月比初生时增加 5 ～ 6

倍，第二个月比第一个月增长 2 ～ 3 倍，以第一个月为最快。因此，仔猪第一个月的饲养管理尤为重要。

表　不同日龄体重倍数增长情况

项目	日龄					
	初生	10	20	30	40	50
平均体重（kg）	1.5	3.3	5.7	7.3	10.6	14.5
增长倍数	1.00	2.2	3.8	4.8	7.0	9.7

仔猪生后的迅速生长，是以旺盛的物质代谢为基础的，一般生后 20 日龄的仔猪，1 kg 体重需沉积蛋白质 9 ～ 14 g，相当于成年猪的 30 ～ 35 倍，1 kg 体重需代谢净能 302.1 kJ，为成年母猪的 3 倍，矿物质代谢也比成年猪高，1 kg 增重中约含钙 7 ～ 9 g，磷 4 ～ 5 g。由此可见，仔猪对营养物质的需要，不论在数量上还是质量上相对都很高，对营养缺乏的反应十分敏感。仔猪的饲料转化率高，在使用全价配合饲粮时，耗料增重比可达 1:1。因此，养好仔猪必须供给营养全价平衡的饲粮。

2. 消化器官不发达，消化腺机能不完善

（1）消化器官相对重量和容积小

猪的消化器官在胚胎期内虽已形成，但生后初期其相对重量和容积较小，如出生时胃重仅 4 ～ 8 g，约为体重的 0.5%，仅可容乳汁 25 ～ 50 g，以后随日龄增长而增长，至 21 日龄胃重可达 35 g 左右，容积也增在 3 ～ 4 倍，60 日龄时胃重达 150 g，容积增大到 19 ～ 20 倍，小肠在哺乳期内也强烈生长，长度约增长 5 倍，容积扩大 50 ～ 60 倍。消化器官的强烈生长保持到 6 ～ 8 月龄，以后开始降低。

（2）消化液分泌及消化机能不完善

消化器官的晚熟，导致消化液分泌及消化机能的不完善。初生仔猪胃内仅有凝乳酶，而唾液和胃蛋白酶很少，同时，由于胃腺不发达，不能分泌盐酸，因此，胃蛋白酶原无法激活，以无活性状态存在，不能消化蛋白质，尤其是植物性蛋白质，仔猪从生后 1 周开始，胃黏膜分泌较多的凝乳酶，对消化乳蛋白具有重要意义。新生仔猪肠腺和胰腺的发育比较完全，胰蛋白酶、胰淀粉酶和乳糖酶活性较高。食物主要在小肠内消化，乳蛋白的吸收率可达 90% ～ 95%，脂肪达 80%。

在胃液的分泌上，由于仔猪胃和神经系统之间的联系还没有完全建立，缺乏条件反射性的胃液分泌，随着年龄增长和食物对胃壁的刺激，盐酸的分泌不断增加，至 35 ～ 40 日龄，仔猪胃蛋白酶原在酸性条件下（pH 值 <5.4）被激活，方表现出消化能力，仔猪才可以用乳汁以外的饲料，进入“旺食阶段”，此时仔猪对乳蛋白和大豆蛋白质消化利用的临界日龄，但仔猪消化道内没有纤维分解酶，故仔猪不能消化植物性饲料中的粗纤维。

哺乳仔猪消化机能不完善的又一表现是食物通过消化道的速度较快。食物进入胃内后，完全排空（胃内食物通过幽门进入十二指肠的过程）的速度，15 日龄时约为 1.5 小时，30 日龄为 3 ～ 5 小时，60 日龄为 16 ～ 19 小时。当然，饲料的形态也影响食物通过的速度。

哺乳仔猪消化器官机能的不完善，构成了它对饲料的质量、形态和饲喂方法、饲喂次数等饲养要求的特殊性。因此，在哺乳期内，早期训料非常必要，这样尽早刺激胃壁分泌盐酸，激活胃蛋白酶，从而有效地利用植物蛋白饲料或其他动物蛋白饲料。在早期断乳仔猪日粮中常加入脱脂乳、乳清粉等，不能使用过多的植物性饲料，以满足仔猪对营养物质的特殊需要而发挥其最大的生长发育潜力。

3. 体温调节机能发育不全，抗寒能力差

（1）神经调节机能不健全

对寒冷的刺激，动物体有在神经系统调节下，发生一系列反应的能力。初生的仔猪，下丘脑、垂体前叶和肾上腺皮质等系统的机能虽已相当完善，但大脑皮层发育不全，垂体和下丘脑的反应能力以及为下丘脑所必须的传导结构的机能较低。因此，神经性调节体温适应环境的能力差。

（2）物理调节能力有限

猪对体温的调节主要是靠被毛、肌肉颤抖、竖毛运动和挤堆共暖等

物理作用来实现，但仔猪的被毛稀疏、皮下脂肪又很少，保温隔热能力很差。

（3）化学调节不全，体内能源贮备少

当环境温度低于临界温度下限时，靠物理调节已不能维持正常体温，就靠甲状腺及肾上腺分泌等促进物质代谢，增进脂肪、糖原氧化，增加产热量。若化学调节也不能维持正常体温时，才出现体温下降乃至冻僵。仔猪由于大脑皮层调节体温的机制发育不全，不能协调化学调节。

同时，初生仔猪体内的能源贮备也非常有限，脂肪仅占体重的1%左右，每100 mL血液中，血糖的含量仅70～100 mg，如吃不到初乳，两天血糖即降至10 mg以下，即使吃到初乳，得到脂肪和糖的补充，血糖含量可以上升，但这时脂肪还不能作为能源被直接利用，要到24小时以后氧化脂肪的能力才开始加强，到6日龄时化学调节能力仍然很差，到20日龄才接近完善。

初生仔猪的体温比成年猪要高1～2℃，其临界温度为35℃，为保证其体温的恒定，必须保持较高的局部环境温度（29～35℃），温度过低会引起仔猪体温下降，如仔猪裸露在1℃环境中2小时可冻昏，冻僵乃至冻死。

4. 缺乏先天免疫力，容易患病

猪属上皮绒毛膜胎盘，构造复杂，在母体血管与胎儿脐带血管之间有6～7层组织，而抗体是一种免疫球蛋白。因此，母猪抗体不能通过血液进入胎儿体内，仔猪出生时没有先天免疫力。新生仔猪主要是通过吸食初乳获得母源抗体来获得免疫力。

据测定，母猪分娩时每100 mL初乳中含有4～8种免疫球蛋白，1天后下降2倍，2天后降低近5倍。仔猪出生后24小时内，由于肠道上皮处于原始状态，对蛋白质可直接通过渗透吸收，36～72小时后，肠壁的吸收能力随肠道的发育而迅速下降。考虑到乳汁中免疫球蛋白消长规律以及仔猪的消化吸收特点，应让出生的仔猪尽快吃到初乳，获得免疫能力。

初乳中免疫球蛋白含量虽高，但降低很快，仔猪 10 日龄后才开始具有产生抗体的能力，30 ～ 35 日龄前含量还很低，直到 5 ～ 6 月龄才达到成年猪水平。因此，2 ～ 3 周龄是免疫球蛋白的“青黄不接”阶段，易患下痢，同时，仔猪 5 ～ 7 天已开始训料开食，胃液中又缺乏游离盐酸，对随饲料、饮水进入胃内的病原微生物没有抑制作用，从而成为仔猪下痢的又一原因。因此，应加强仔猪生后初期的饲养管理，并创造良好的环境卫生条件，以弥补仔猪免疫力抵的缺限。

二、哺乳仔猪培育的主要技术措施

1. 吃足初乳，固定乳头

（1）吃足初乳

吃足初乳是仔猪早期（仔猪自身能有效产生抗体之前为 4 ～ 5 周）获得抗病力最重要的用途，而且初乳中含有镁盐，具有轻泻性。初乳的酸度高，有利于消化道活动，可促使排出胎粪。

仔猪刚出生时，四肢无力，行动不便，特别是弱小仔猪，往往不能及时找到乳头，尤其是在寒冷季节，仔猪可能被冻僵，失去哺乳能力。因此，要求仔猪出生后，在擦干仔猪全身和断脐时，立即放入保温箱内，待全部仔猪产出后，立即人工辅助哺乳。也可随产随哺，这样做可以使仔猪尽快吃到初乳，尽早获取营养，母猪分娩结束后，全部仔猪都吃到足够的初乳，若母猪无乳，应尽早辅助仔猪吃到寄养母猪的初乳。

（2）固定乳头

仔猪有固定乳头吸乳的习惯，开始几次吸食哪个乳头，一经认定即到断乳不变。但在初生仔猪开始吸乳时，往往互相争夺乳头，强壮的仔猪争先占领最前边的乳头，而弱小仔猪则迟迟找不到乳头，错过放乳时间，吃乳不足或根本吃不到乳。还可能由于仔猪争抢乳头而咬伤母猪乳头，导致母猪拒绝哺乳。为使同窝仔猪发育均匀，必须在仔猪出生后 2 ～ 3 天内，采用人工辅助方法，促使仔猪尽快形成固定吸食某个乳头的习惯。

固定乳头的原则：应将弱小的仔猪固定在前边的几对乳头，将初生重较大、健壮的仔猪固定在后边的几对乳头，这样就能利用母猪不同乳头泌乳量不同的规律，使弱小仔猪能获得较大量的乳汁以弥补先天不足，虽然后边的几对乳头泌乳量不足，但因仔猪健壮，拱揉乳房和吸乳的动作较有力，仍可弥补后边几对乳头乳汁不足的缺点，从而达到窝内仔猪生长发育快且均匀的目的。

固定乳头的方法：当窝内仔猪差异不大，有效乳头足够时，生后2～3天内绝大多数能自行固定乳头，不必过多干涉。但如果个体间竞争激烈，应加以管理。若窝内仔猪间的差异较大，则应重点控制体大和体小的仔猪，中等大小的可自由选择。每次辅助体小的个体到前边的乳头吸乳，而把体大的个体固定在后边的乳头。对个别争抢严重、乱窜乱拱的个体需进行人工控制，可先不让其拱乳，只是在放乳前的一刹那放到基固定的位置，或干脆停止其吸乳一二次，以纠正其抢乳行为。如此，经过两天基本上可使全窝仔猪哺乳时固定乳头。如果同窝内仔猪数较多，可利用一块隔板，放在母猪中部，将仔猪分开，从而使仔猪数和活动范围相对缩小，防止仔猪哺乳时因找乳头位置前后乱窜。

固定好乳头的标志是母猪哺乳时，仔猪能固定在某个乳头上拱揉乳房，无强欺弱、大欺小、争夺乳头的现象，母猪放乳时，仔猪全部安静地吸乳。

2. 保温防压

（1）保温

由于初生仔猪调节体温适应环境的能力差，同时其保温性能差（皮薄毛稀），需热多（体温较成年猪高1℃）、产热少（体内能贮少），故仔猪对环境温度的要求较高，有“小猪畏寒”之说。仔猪最适宜的环境温度：0～3日龄为30～35℃，3～7日龄为28～30℃，7～14日龄为25～28℃，14～35日龄为22～25℃。低温对仔猪的直接危害是冻死，同时又是压死、饿死和下痢、感冒等的诱因。

保温的措施是单独为仔猪创造温暖的小气候环境，因“小猪畏寒”，而“大猪怕热”，母猪的最适温度为18℃，如果把整个产房升温，一则母猪不适应，影响母猪的泌乳，二则多耗能源，不经济。因此，生产中常控制产房温度在 15 ～ 18℃，而采用特殊保温措施来提高仔猪周围局部温度。

厚垫草保温：在没有其他取暖设施或有取暖又欲加强取暖效果时，可垫厚草在水泥地面上，厚度应达 5 ～ 10 cm 或更厚，在不靠墙的几边设挡草板，以防垫草四散，垫草要清洁、干燥、柔软，长短适宜（10 ～ 15 cm），并注意更换，同时应注意训练仔猪养成定时定点排泄的习惯，使垫草保持干燥而不必经常更换。

红外线灯保温：这是目前普遍采用的保温措施。将 250 W 的红外线灯悬挂在仔猪栏上方或特制的保温箱内，仔猪生后稍加训练，就会习惯地自动出入红外线灯保温或保温箱。不同日龄的仔猪可通过调节灯的高度来调节床面的温度，如在舍温 6℃时，距地面 40 ～ 50 cm，可使床温保持在 30℃。此种设备简单，保温效果好，且有防治皮肤病之效。如用木板或铁栏为隔墙时，相邻两窝仔猪还可共用一个灯泡，应防止母猪进入仔猪栏，撞碎灯泡发生触电。在有垫草的情况下，应注意防火。

电热板取暖：电热板是供仔猪取暖用的“电褥子”，是将电阻丝包在一块绝缘的橡皮内，可根据不同仔猪对温度的要求调节温度，也可自动控制，其特点是保温效果好，清洁卫生，使用方便。

（2）防压

在生产实践中，压死仔猪一般占死亡总数的 10% ～ 30%，甚至高达 50% 左右，且多数发生在生后一周之内。压死仔猪的原因，一是母猪体弱或肥胖，反应迟钝；性情急躁的母猪易压死仔猪；初产母猪由于护仔经验差也常压死仔猪；二是仔猪体质较弱，或因患病虚弱无力，或因寒冷活力不强，行动迟缓，叫声低哑不足以引起母猪惊觉；三是管理上的原因，抽打或急赶母猪，引起母猪受惊；褥草过长，仔猪钻入草堆，致使母猪不易识别或仔猪不易逃避；产圈过小，仔猪无回旋和逃避空间。生产中，应针对上述情况采取防压措施。

一是加强产后护理。产后护理母猪多在采食和排便后回圈躺卧时压死仔猪。因此，仔猪生后 1 ～ 3 日龄内应加强看护，可在吃乳后将仔猪捉回保温箱，下次将吃乳时放出，至仔猪行动灵活稳健后，再让其自由出入护仔栏。若听到仔猪异常叫声，应及时救护，一旦发现母猪压住仔猪，应立即拍打其耳根，令其站起，救出仔猪。

二是设护仔栏。在产圈的一角或一侧设护仔栏（后期可用作补料栏），用红外线灯、电热板等训练仔猪养成吃乳后迅速回护仔栏内休息的习惯。从而实现母仔分居，防止母猪踩死、压死仔猪。

3. 补充铁、硒等矿物质

（1）补铁

初生仔猪普遍存在缺铁性贫血的问题，正常生长的仔猪，每日约需铁 7 mg，到 3 周龄开始吃料前共需 200 mg，而仔猪每天从母乳中只能获得 1 mg，即使给母猪补饲铁也不能提高乳中铁的含量。显然，如果没有铁的补充，仔猪体内的铁贮量仅够维持 6 ～ 7 天，一般 10 日龄左右就出现因缺铁而导致的食欲减退、被毛粗乱、皮肤苍白、生长停滞等现象，因此要求仔猪出生后必须及时补铁。仔猪补铁的方法很多，目前普遍采用的是在仔猪出生后的 2 ～ 3 天，肌肉和皮下注射右旋糖苷铁或葡聚糖铁 1 ～ 2 mL（1 mL 含铁量 50 ～ 150 mg 不等，视浓度而定），即可保证哺乳期仔猪不患贫血症。为加强效果，2 周龄后可再注射 1 次。目前，用于补铁的针剂也较多，如牲血素等。

（2）补硒

仔猪对硒的日需要量，根据体重不同大约为 0.03 ～ 0.23 mg。缺硒易引起硒缺乏症，严重时会导致仔猪突然死亡。我国大部分地区饲料中硒含量低于 0.5 mg/kg，黑龙江、青海全省及新疆维吾尔自治区、四川、江苏、浙江的部分地区则低于 0.02 mg/kg，因此，补硒尤为重要。目前，多在仔猪出生后 3 ～ 5 天，肌肉注射 0.1% 亚硒酸钠维生素 E 合剂 0.5 mL，2 ～ 3 周龄时再注射 1 mL。对已吃料的仔猪，按 1 kg 饲料添加 0.1 mg 的硒补给。硒是剧毒元素，过量极易引起中毒，用时应谨慎。加入饲料中饲喂，应充分拌匀，否则会因个别仔猪过量食入而引起中毒。

4. 寄养、并窝

在生产中，有些母猪产仔数较多，超过母猪的乳头，或由于母猪体质差不能哺育较多的仔猪；也有些母猪产仔数过少（寡产），若让母猪哺育少数几头仔猪，经济上不合算；更有些母猪因产后无乳或产后死亡，其新生仔猪若不妥善处理就会死亡。解决这些问题的方法就是寄养与并窝。

所谓寄养，就是将仔猪过寄给另一头母猪哺育；并窝则是指把两窝或几窝仔猪，合并起来由一头母猪哺育。寄养和并窝以及调窝是生产中常用的方法，为使其获得成功，应注意以下问题。

一是寄养的仔猪与原窝仔猪的日龄要尽量接近，最好不要超过 3 天，超过 3 天以上，往往会出现大欺小、强辱弱的现象，使体小仔猪的生长发育受到影响。

二是寄养的仔猪寄出前必须吃到足够的初乳，或寄入后能吃到足够的初乳，否则不易成活。

三是承担寄养任务的母猪，性情要温顺，泌乳量高，且有空闲乳头。

四是母猪主要通过嗅觉来辨认自己的仔猪，为避免母猪因寄养仔猪气味不同而拒绝哺乳或咬伤寄养仔猪，以及仔猪寄养过来而不吸吮寄母的乳汁，应分别采用干扰母猪嗅觉和饥饿仔猪法来解决。

5. 开食补料

母猪泌乳高峰期是在产后 20 ～ 30 天，35 天以后明显减少，而仔猪的生长速度却愈来愈快，存在着仔猪营养需要量大与母乳供给不足的矛盾。母乳对仔猪营养需要的满足程度是：3 周龄为 92%，4 周龄为 84%，5 周龄为 65%，到 8 周龄时降至 20%。可见 3 周龄以前母乳可基本满足仔猪的，仔猪无需采食饲料。但为了提早训练仔猪开食，对早期断乳仔猪要提前开食补料。

（1）开食训练

仔猪从吃母乳过渡到吃饲料，称为开食、引食或诱饲。它是仔猪补料中的首要工作，其意义有两个方面：一是锻炼消化道，提高消化能力，为大量采食饲料做准备。仔猪胃内胃蛋白酶以无活性的酶原形式存在，只是到20日龄以后，由于盐酸分泌的积累，胃内pH值降至5.4以下，从而激活酶原，表现出消化能力。在不提早开食的仔猪中，到35日龄左右才能利用植物性蛋白质。提早引食，使仔猪较早地采食饲料，可促进胃肠道的发育，同时刺激胃壁，使之分泌盐酸，使酶原提前激活具有消化功能，从而使仔猪在3周龄左右当母乳量下降时，即可大量采食和消化饲料，保证仔猪正常生长发育和提高仔猪成活率；二是减少白痢病的发生。由于饲料的刺激，胃壁提高分泌盐酸，从而形成一种酸性环境，能有效地抑制各种微生物的生长繁殖，预防下痢。目前，一般要求在仔猪生后5～7日龄左右开食。在诱导开食时，应根据仔猪的生理习性进行，具体应注意以下几个方面。

一是利用仔猪的探究行为。6～7日龄的仔猪，开始长出臼齿，牙床发痒，仔猪常对地面上的东西用闻、拱、咬等方式进行探究，并特别喜欢啃咬垫草、木屑、母猪粪便中的谷粒等硬物。利用仔猪这种探究行为，可在仔猪自由活动时，于补饲间的墙边地上撒一些开食料（多为硬粒料）供仔猪拱、咬，也可将开食料放入周身打洞、两端封死的圆筒内，供仔猪玩耍时拣食从筒中落在地上的粒料。10日龄后，当仔猪已能采食部分粒料时，可给予稠稀料、干粉料、颗粒料或幼嫩的青草、青菜、红薯、窝瓜等碎屑，放于小槽内诱导，并随食量增加调整给量。一般到20日龄仔猪即能正常采食，30日龄食量大增。

二是利用仔猪喜香、甜食的习性。仔猪喜食香、甜、脆的饲料，利用这一习性，可以选择具有香味的饲料，如炒得焦黄酥脆的玉米、高粱、大麦和大豆粒等，以及具有甜味的饲料，如在仔猪的开食料中加入香味剂、食糖等。

三是利用仔猪的模仿行为。仔猪具有模仿母猪和体重较大仔猪行为的特性。在没有补饲间时，可放母猪的食槽，让仔猪在母猪采食时，随母猪拣食饲料。为此，母猪食槽内沿高度不能超过10 cm。

（2）补料

仔猪经开食训练后，在25日龄左右可大量采食饲料，进入“旺食”

阶段。旺食阶段是补饲的主要阶段，应根据不同体重阶段的营养需要配制标准饲粮，要求饲粮是高能量、高蛋白、营养全面、适口性好而又易于消化。另可根据需要适当添加抗菌素或益生素等，进行仔猪补料时应注意以下几个方面。

一是饲料调制。仔猪料型以颗粒料、潮拌料（1份混合料加0.5份水拌匀）或干粉料为好，有利于仔猪多采食干物质，细嚼慢咽消化好，增重快。而稀料和熟粥减仔猪采食干物质量，冲淡消化液影响消化，容易污染圈舍，下痢病多，影响增重。

二是饲喂次数要多，适应肠胃的消化能力。补饲阶段的仔猪生长发育好，对营养物质的需要量大，但胃的容积小且排空块，最好采取自由采食的饲养方式。若采用顿喂，一般日喂次数最少5～6次，其中一次应放在夜间。

三是保证清洁充足的饮水。仔猪生长迅速，代谢旺盛，需水量较多，应保证水的供应。若饮水供应不足，将致使生长缓慢或仔猪喝脏水引起下痢。

6. 预防下痢

下痢是哺乳仔猪最常发的疾病之一，临床上常见黄痢和白痢，严重威胁仔猪的生长和成活。引起发病的原因很多，一般多由受凉、消化不良和细菌感染3个因素引起，日常管理工作中应把好这三关。在确定和控制发病原因的基础上，有针对性地采取综合措施，才能取得较好的效果。主要的预防措施如下。

一是母猪妊娠期要实行全价饲养，特别是宜多喂青饲料，保证正常的繁殖体况；母猪产前10～20天接种K88、K99大肠杆菌腹泻基因工程菌苗。

二是产仔前彻底消毒产房，整个哺乳期保持产房干燥、温暖、空气清新并进行定期消毒，尤其是要注意仔猪保温。

三是泌乳母猪的饲粮应全价，饲粮相对保持稳定，饲料骤变常引起母猪乳汁改变而引起仔猪下痢。

四是按饲养标准为仔猪配制饲粮，要求饲粮营养全面，适口性好，易消化。目前，常在仔猪补料中添加酸化剂、抗菌素、益生素等来预防仔猪下痢。

一旦发生仔猪下痢，应同时改进母猪饲养，搞好圈舍卫生，消毒并及时治疗仔猪，不能单纯给仔猪治疗，更重要的是消除感染源。

7. 适时去势

公母猪是否去势和去势时间取决于仔猪的用途和猪场的生产水平及仔猪的种性。我国地方品种仔猪性成熟早，肥育用猪如不去势，公母猪在性成熟后所表现出的性活动就会影响食欲和生长速度。公猪若不去势，其肉具有较浓厚的性臭味而几乎不能直接食用。因此，地方品种仔猪必须去势后进行肥育。若饲养肥育品种或地方品种的二元或三元杂种，而且饲养管理水平较高，猪在 6 个月龄左右即可出栏，母猪可不去势直接进行肥育，但公猪仍需去势。

仔猪出生后 3 个月内去势，一般对仔猪的生长速度和饲料利用率影响较小，需要考虑的因素是手术是难易，以及仔猪伤口愈合的快慢。仔猪日龄越大或体重越大，去势时操作越费力，而且创口愈合缓慢。目前，国内外一些场家趋向采用两周龄进行公仔猪的去势，4 ～ 5 周龄对母仔猪进行去势。

仔猪去势后，应给予特殊护理，防止仔猪互相拱咬创口，引起失血过多而影响仔猪的活力，并应保持圈舍卫生，防止创口感染。

8. 预防接种

仔猪应在 20 日龄进行猪瘟疫苗接种，50 ～ 60 日龄进行猪瘟疫苗的再次接种，同时，进行猪丹毒、猪肺疫和仔猪副伤寒疫苗的预防接种，受到猪瘟威胁时可进行猪瘟的超前免疫。是否进行其他疾病的预防接种，视本地区的疫情和本场的猪群健康状况而定。

仔猪的去势和免疫注射必须避免在断乳前后一周内进行，以免加重刺激，影响仔猪增重和成活。

第二节
断乳（保育）仔猪的培育

断乳标志着哺乳期的结束，目前，生产上一般将断乳至 70（或 75）日龄定为断乳（保育）仔猪培育阶段。断乳是仔猪一生中生活条件的第二次大转变，仔猪需经受心理、营养和环境应激的影响，如饲养管理不当，很容易造成生长发育缓慢，甚至患病和死亡。因此，断乳仔猪培育的任务是：饲喂营养全价的配合饲粮，保证仔猪正常的生长发育，防止出现生长抑制，减少和消除疾病的侵袭，获取最大的日增重，为肥育或后备猪培育打下基础。

一、仔猪的断乳

对仔猪来说断乳是一次强烈的应激，它使仔猪的食物结构发生了根本性改变，也使仔猪失去了母仔共居的温暖环境。为减少仔猪应激，必须确定适宜的断乳时间和断乳方法。

1. 仔猪断乳时间

仔猪的断乳时间应根据母猪的生理特点、仔猪的生理特点以及养猪场（户）的饲养管理条件和养猪者的管理水平而定。

从母猪的生理特点及提高母猪利用强度角度考虑，仔猪的断乳年龄越小，母猪的利用强度越大，但一般母猪产后子宫复原需 20 天左右，在子宫未完全复原时配种，受胎率低，胚胎发育受阻，胚胎死亡增加。

从仔猪的生理特点考虑，当体重达 6 ～ 7 kg 或 4 ～ 5 周龄时，仔猪已利用了母猪泌乳量的 60% 以上，自身的免疫能力也逐步增强，仔猪已能通过饲料获得满足自身需要的营养。从饲养管理角度考虑，仔猪的断乳日龄越早或断乳体重越小，要求的饲养管理条件越高，但仔猪在 4 ～ 5 周龄时所需的饲养管理条件和饲养技术已和 8 周龄仔猪相近，一般在养猪场（户）能实行 8 周龄断乳，只要在饲养管理技术上尤其是饲料条件上稍加完善，即可实行早期断乳。因此，根据我国目前养猪科技水平，可以实行 4 ～ 5 周龄断乳，最迟不宜超过 6 周龄，但饲养管理措施一定要跟上，否则，盲目追求早期断乳，往往得不偿失。

早期断乳已成为提高母猪年生产力的一个重要途径。早期断乳具有以下优点。

一是缩短母猪的产仔间隔，增加母猪年产胎次和年产仔数，实现母猪年产 2.3 ～ 2.4 胎，每年可多提供断乳仔猪 3 ～ 5 头。

二是母猪断乳时膘情较好，易发情，缩短了断乳至再配种的间隔，同时延长了母猪的利用年限。

三是节省饲料，提高饲料利用率。仔猪早期断乳后可直接利用饲料，比通过母猪吃料仔猪吃乳的效率高 1 倍。据测定，饲料中能量每转化 1 次，就要损失 20%，仔猪吃料的利用率为 50% ～ 60%；而母猪吃料、仔猪吃乳的利用率只有 20%，同时由于母猪年生产力提高，可少饲养母猪，会节省大量饲料。

四是仔猪发育并不低于自然断乳，且均匀、整齐。虽然早期断乳仔猪断乳后 2 周左右因应激影响发育较差。但 60 日龄后可以得到补偿，且发育均匀、整齐。

五是减少了消化道疾病的发生。仔猪断乳后，消除了母猪粪尿污染猪栏的现象，因而减少了大肠杆菌和猪栏潮湿引发的消化道疾病，特别是在猪栏和补料栏面积较小的情况下，更是如此。

六是降低了仔猪培育成本。由于提高了母猪产仔数，因而使仔猪生产成本大大降低。

2. 仔猪的断乳方法

仔猪断乳方法有多种，不同方法各有优缺点，宜根据具体情况，灵活运用。

（1）一次断乳法

一次断乳法又称果然断乳法。具体是当仔猪达到预定断乳日龄时，断然将母猪与仔猪分开。由于断乳突然，仔猪易因食物及环境的突然改变而引起消化不良、起居不安等，生长会受到一定程度的影响（绝大多数有失重表现）。同时，又易使泌乳较充足的母猪乳房胀痛，不安，甚至引发乳房炎。因此，这种方法于母仔均有不利影响。

由于一次断乳法的方法简单，工作量相对要小，规模化猪场较为常用。

（2）逐渐断乳法

又称安全断乳法。一般在仔猪预定断乳日期前 4 ～ 6 天，把母猪赶到另外的圈舍或运动场隔开，然后定时放回原圈，其哺乳次数逐日递减。如第 1 天哺乳 4 ～ 5 次，第 2 天 3 ～ 4 次，第 3 天 2 ～ 3 次，第 4 天 1 ～ 2 次，第 5 天完全隔开。这种方法可避免仔猪和母猪遭受突然断乳的刺激，适于泌乳较旺的母猪，尽管工作量大，但对母仔均有益，故被一般养猪场（户）所喜用。

二、断乳仔猪培育的技术要点

为了养好断乳仔猪，过好断乳关，应注重营养与饲养、饲喂方法、环境条件等因素，做好以下技术环节。

1. 营养与饲养

断乳后 2 周内，饲粮的营养水平、饲粮的配合以及饲喂方法上都应与哺乳期相同，防止突然改变降低仔猪的食欲，引起胃肠不适和消化机能紊乱。2 ～ 3 周后逐渐过渡到断乳仔猪饲粮，并尽力做到饲粮组成与哺乳期饲粮相同，只是改变饲粮的营养水平。

此外，针对断乳仔猪消化机能较弱的特点，以及断乳仔猪由吸吮母猪为主转向完全采食植物性饲料所造成的营养应激，可在饲粮中加入外源消化酶等，以促进仔猪对饲粮的消化，减少腹泻的发生，保证仔猪正常的生长发育。

2. 饲喂方法

断乳后第 1 周适当控制仔猪的采食量。如果哺乳期是自由采食，则断乳后第一周可把饲料撒在地面上，因为断乳仔猪喜欢把饲料立即吃光，直接进行自由采食往往造成仔猪食料过量而引起消化不良。撒料时应保证每头仔猪都能吃到足够的饲料，1 周以后采用自由采食方式。

3. 环境条件

断乳仔猪对环境的适应性和对疾病的抵抗力都较差，因此，为仔猪创造一个适宜的生活环境是养好断乳仔猪的重要环节。要求断乳（保育）仔猪舍温度适宜，干燥，清洁。在没有保育仔猪舍的猪场，最好将母猪调出哺乳舍，使仔猪留在原圈饲养，2 周后再调圈以减少环境应激。如果断乳仔猪需要并窝，亦应在断乳 2 周后进行。

第六章 肉猪肥育技术

肉猪通常也称肥育猪。肉猪生产的目的不仅在于把猪养活养大，而在于肥育期内获得最快的增重速度、最高的饲料利用率和最优的胴体品质，即以最少的投入，生产量多质优的猪肉，并获取最高的利润。肉猪数量大约占养猪总头数的80%，因此，必须根据肉猪的生长发育规律，采用科学的饲养管理技术，达到提高增重速度、降低养猪成本、提高养猪生产经济效益的目的。

第一节 肉猪的生长发育规律

猪与其他动物一样，无论是其整体还是其各种组织器官的生长发育都有其自身的规律性，因此，应充分利用这些规律来指导生产。

一、体重增长速度的变化

在生长不受限制的情况下，猪的体重随年龄的增长而表现为S形曲线。即在生命的早期，有一加速生长期，到达某一点（大约为成年体重的 30% ～ 40%）生长速度开始下降，人们称这一点为生长拐点。生长拐点在实践中具有重要的意义，因为在生长拐点左右，猪的生长成分开始从瘦肉组织占优势转变为脂肪组织占优势，且饲料利用率也开始降低。在生长拐点左右，猪的绝对生长速度（一般用平均日增重表示）达到最高峰，短暂稳定后开始下降。因此，在生产上，应抓好肥育前期的饲养管理，充分发挥瘦肉的生长优势，从而提高增重速度和饲料利用率。

二、体躯各组织生长发育速度的变化

与整体生长一样，随着年龄的增长，体躯各组织的生长也呈规律性的变化，一般的顺序为骨骼、皮肤、肌肉、脂肪，即骨骼、皮肤发育较早，肌肉次之，而脂肪在较晚时才大量沉积。虽然因猪的品种、饲养管理条件等的不同，各组织生长强度会有些差异，但基本表现上述规律。现代优良肉用型品种的肌肉组织成熟期延后，可以在体重 30 ～ 110 kg 阶段保持强度生长。

根据这一规律，肥育前期应喂给较高蛋白质水平的饲料，且应保证氨基酸的平衡，以保证肌肉组织的生长发育，肥育后期应适当限饲，以减少脂肪的沉积，从而降低生产成本，提高胴体品质。

三、猪体成分的变化

随年龄和体重的增加，猪体成分中水分、蛋白质和矿物质含量逐渐下降，脂肪含量则逐渐增加（表 6–1）。

表 6–1　猪体化学成分

体重	水分（%）	蛋白质（%）	灰分（%）	脂肪（%）
初生	79.95	16.25	4.06	2.45
6 kg	70.67	16.56	3.06	9.74
45 kg	66.76	14.94	3.12	16.16
68 kg	56.07	14.03	2.85	29.08

（续表）

体重	水分（%）	蛋白质（%）	灰分（%）	脂肪（%）
90 kg	53.99	14.48	2.66	28.54
114 kg	51.28	13.37	2.75	32.14
136 kg	42.48	11.63	2.06	42.64

资料来源：张龙志等.《养猪学》，1982

第二节 肉猪肥育的综合技术

一、肥育用仔猪的选择与处理

1. 选择性能优良的杂种猪

仔猪质量对肥育效果具有很大的影响，在我国的肉猪生产中，大多利用二元和三元杂种仔猪进行肥育以充分利用杂种优势。所用的二元杂种猪，大多是以我国地方猪种或培育猪种为母本，与引进的国外肉用品种猪为父本杂交而产生；三元杂种猪大多是以我国地方猪种或培育猪种为母本，与引进的国外肉用品种猪作父本的杂种一代母猪作母本，再与引进的国外肉用型品种作终端父本杂交而产生。我国各地区通过多年来的试验筛选和生产应用，已筛选出很多适应各地条件的优良二元和三元杂交组合，生产中应根据条件选用。

选择合适的杂交组合，对于自繁自养的养猪生产者来说比较容易办到，在进行商品仔猪生产时只要选择好杂交用亲本品种（系），然后按相应的杂交配套体系进行杂交就可以获得相应的杂种仔猪。对于已经建立起完整繁育体系地区的养猪生产者来说，也比较容易办到，因为该地区已经选定了适合当地条件的杂交组合，肉猪生产者只要同时与相应的生产场或养母猪户签订购销合同，就可获得合格的仔猪。但对于交易市场购买仔猪的生产者来说，选择性能优良杂交仔猪的难度就大一些，风险也较大。

2. 提高肥育用仔猪的体重并提高仔猪的均匀度

肥育起始体重与肥育期的增重呈一定程度的正相关，且起始体重越小，要求的饲养管理条件越高，但起始体重过大也没有必要，如系外购仔猪，还会增大购猪成本。从目前的饲养管理水平出发，肥育用仔猪的肥育起始体重以 20 ～ 30 kg 为宜。

肉猪是群饲，肥育开始时群内均匀度越好，越有利于饲养管理，肥育效果越好。

3. 去势

公、母猪去势后肥育，其性情安静、食欲增强，增重速度快，肉的品质好。国外的猪种性成熟较晚，肥育时一般只去势公猪而不去势母猪。同时，小母猪较去势公猪的饲料利用率高，并可获得较瘦的胴体。我国传统的做法是公、母猪都去势后肥育，原因是我国地方猪种的性成熟早、肉猪增重速度慢而肥育期长。但由于近年来猪种性能的改良及饲料科学的发展和饲养技术的改进，已使肥育期大为缩短。因此，可以改变传统的做法，肥育时只去势公猪，而不去势母猪。如果仔猪未在哺乳期去势，应适时去势。

4. 预防接种

对猪瘟、猪丹毒、猪肺疫和仔猪副伤寒等传染病要进行预防接种。自繁自养的养猪场（户）应按相应的免疫程序进行。为安全起见，外购仔猪进场后一般全部进行 1 次预防接种。

5. 驱虫

猪体内的寄生虫以蛔虫感染最为普遍，主要危害 3 ～ 6 月龄仔猪，病猪多无明显的临床症状，但表现生长发育慢，消瘦，被毛无光泽，严重时增重速度降低 30% 以上，有时甚至可成为僵猪。驱虫一般在仔猪 90 日龄左右进行，常用药物有阿维菌素、左旋咪唑、四咪唑等，具体使用时按说明进行。当群体口服驱虫药时，应注意使每头猪能均匀食入相应的药量，防止个别猪只食入量过大，造成中毒死亡。服用驱虫药后，应注意观察，若出现副作用，应及时解救。驱虫后排出的虫卵和粪便，应及时消除发酵，以防再度感染。

猪疥癣是最常见的猪体表寄生虫病，对猪的危害也较大。病猪的生长缓慢，甚至成为僵猪，病部痒感剧烈，因而常以患病摩擦墙壁或圈栏，或以肢蹄搔擦患部，甚至摩擦出血，以至患部脱毛、结痂，皮肤增厚形成皱褶或龟裂。其治疗办法很多，常用1%～2%敌百虫溶液或0.005%溴氰菊脂溶液喷洒猪只体表或洗擦患部，几次以后即可痊愈。

二、提供适宜的环境条件

1. 圈舍的消毒

为保证猪只的健康，避免发生疾病，在进猪之前有必要对猪舍、圈栏、用具等进行彻底的消毒。要彻底清扫猪舍走道、猪栏内的粪便、垫草等污物，用水洗刷干净后再进行消毒。猪栏、走道、墙壁等可用2%～3%的火碱水溶液喷洒消毒，停半天或1天后再用清水冲洗晾干。墙壁也可用20%石灰乳粉刷。应提前消毒饲槽、饲喂用具、车辆等，消毒后洗刷干净备用。日常可定期用对猪只安全的消毒液进行带猪消毒。

2. 合理组群

肉猪一般都是群养，合理分群是十分必要的。不同杂交组合的仔猪有不同的营养需要和生产潜力，有不同的生活习性和行为表现，合在一起饲养既会使其互相干扰影响生长，又因不能兼顾各杂交组合的不同营养需要和生产潜力而使各种的生产性能难以得到充分的发挥。而按杂交组合分群，可避免因生活习性不同而造成相互干扰采食和休息，并且因营养需要、生产潜力相同而使得同一群的猪只发育整齐，同期出栏。

还要注意按性别、体重大小和强弱进行组群，因为性别不同而行为表现不同，肥育性能也不同，如去势公猪具有较高的采食量和增重速度，而小母猪则生长略慢，但饲料利用率高，胴体瘦肉率高。一般要求小猪阶段体重差异不宜超过 4 ～ 5 kg，中猪阶段不超过 7 ～ 10 kg。

组群后要相对固定，因为每一次重新组群后，往往会发生频繁的个体间争斗，需一周左右的时间，才能建立起新的比较稳定的群居秩序，所以，猪群每重组 1 次，猪只一周内很少增重，确定需要进行调群时，要按照“留弱不留强”（即把处于不利争斗地位或较弱小的猪只留在原圈，把较强的并进去）、“拆多不拆少”（即把较少的猪留在原圈，把较多的猪并进去）、“夜并昼不并”（即要把两群猪合并一群时，在夜间并群）的原则进行，并加强调群后 2 ～ 3 天内的管理，尽量减少发生争斗。

3. 饲养密度与群的大小

群体密度过大时，个体间冲突增加，炎热季节还会使圈内局部气温过高而降低猪的食欲，这些都会影响猪只的正常休息、健康和采食，进而影响猪的增重和饲料利用率，群体密度过小时，会降低猪舍的建筑利用率。兼顾提高圈舍利用率和肥育猪的饲养效果两个方面，随着猪体重的增大，应使圈舍面积逐渐增大（表 6–2）。

表 6–2　生长肥育猪适宜的圈舍面积

体重阶段（kg）	每栏头数	每头猪最小占地面积（m^2）	实体地面（m^2）	部分漏缝地板
18 ～ 15	20 ～ 30	0.74	0.37	0.37
45 ～ 68	10 ～ 15	0.92	0.55	0.55
68 ～ 95	10 ～ 15	1.10	0.74	0.74

资料来源：Pond，W.G.《Swine Production and Nutrition》，1984

饲养密度满足需要时，如果群体大小不能满足需求，同样不会达到理想的肥育效果。当群本过大时，猪与猪个体之间的位次关系容易削弱或混乱，使个体之间争斗频繁，互相干扰，影响采食和休息。肥育猪的最有利群体大小为 4 ～ 5 头，但这样会相应地降低圈舍及设备利用率。实际生产中，在温度适宜、通风良好的情况下，每圈以 10 ～ 15 头为宜，最大不宜超过 20 头。

4. 调教

调教就是根据猪的生物学习性和行为学特点进行引导与训练，使猪只养成在固定地点排泄、躺卧、进食的习惯。猪一般多在门口、低洼处、潮湿处、圈角等处排泄，排泄时间多在喂饲前或是在睡觉刚起来时。因此，如果在调群转入新圈以前，事先把圈舍打扫干净，并在指定的排泄区堆放少量的粪便或泼点水，然后再把猪调入，可使猪养成定点排便的习惯。如果这样仍有个别猪只不按指定地点排泄，应将其粪便铲到指定地点并守候看管，经过三五天猪只就会养成觅食、卧睡、排泄三角定位的习惯。

5. 温度和湿度

在诸多环境因素中，温度对肉猪的肥育性能影响最大。在适宜温度（15 ～ 27℃）下，猪的增重快，饲料利用率高。当环境温度低于下限临界温度时，猪的采食量增加，生长速度减慢，饲料利用率降低。如舍内温度在 4℃以下时，会使增重下降 50%，而单位增重的耗料量是最适宜温度时的 2 倍。温度过高时，为增强散热，猪只的呼吸频率增高，食欲降低，采食量下降，增重速度减慢，如果再加之通风不良，饮水不足，还会引起中暑死亡。

温度对胴体的组成也有影响，温度过高或过低均明显地影响脂肪的沉积。但如果有意识地利用这种环境来生产较瘦的胴体则不合算，因其所得不足以补偿增重慢和耗料多以及由于延长出栏时间而造成的圈舍设备利用率低等的损失。

湿度的影响远远小于温度，如果温度适宜，则空气湿度的高低对猪的增重和饲料利用率影响很小。实践证明，当温度适宜时，相对湿度从 45% 上升到 90% 都不会影响猪的采食量、增重和饲料利用率。空气相对湿度以 40% ～ 75% 为宜。对猪影响较大的是低温高湿有风和高温高湿无风。前一种环境会加剧体热的散失，加重低温对猪只的不利影响；后一种环境会影响猪只的体表蒸发散热，阻碍猪的体热平衡调节，加剧高温所造成的危害。同时，空气湿度过大时，还会促进微生物的繁殖，容易引起饲料、垫草的霉变。但空气相对湿度低于 40% 也不利，容易引起皮肤和外露黏膜干裂，降低其防卫能力，会增加呼吸道和皮肤疾患。

6. 空气新鲜度

如果猪舍设计不合理或管理不善，通风换气不良，饲养密度过大，卫生状况不好，就会造成舍内空气潮湿、污浊，充满大量氨气、硫化氢和二氧化碳等有害气体，从而降低猪的食欲、影响猪的增重和饲料利用率，并可引起猪的眼病、呼吸系统疾病和消化系统疾病。因此，除在猪舍建筑时要考虑猪舍通风换气的需要，设置必要的换气通道，安装必要的通风换气设备外，还在要管理上注意经常打扫猪栏，保持圈舍清洁，减少污浊气体及水汽的产生，以保证舍内空气的清新和适宜的温度、湿度。

7. 光照

有许多试验表明光照对肉猪增重、饲料利用和胴体品质及健康状况的影响不大。从猪的生物学特性看，猪对光也是不敏感的。因此，肉猪舍的光照只要不影响饲养管理人员的操作和猪的采食就可以了，强烈的光照反而会影响肉猪的休息和睡眠，从而影响其生长发育。

三、选择适宜的肥育方式

肉猪的肥育方式对猪的增重速度、饲料利用率及胴体的肥瘦度和养猪效益有重要影响，适于农家副业养猪的“吊架子肥育”方式，已不能适应商品肉猪生产的要求，而应采用“直线肥育”和“前敞后限”的肥育方式。

1. 直线肥育

直线肥育就是根据肉猪生长发育的需要，在整个肥育期充分满足猪只各种营养物质的需要，并提供适宜的环境条件，充分发挥其生产潜力，以获得较高的增重速度和饲料利用率及优良的胴体品种。这种肥育方式克服了“吊架子肥育”的缺点。因此，在目前的商品肉猪生产中被广泛采用。

2. 前敞后限的饲养方式

合理限饲既可保证肉猪具有较高的增重速度和饲料利用率，又有较好的胴体品质。要使肉猪既有较快的增重速度，又有较高的瘦肉率，可以采取前敞后限（前高后低）的饲养方式，即在肉猪生长前期采用高能量、高蛋白质饲粮，任猪自由采食或不限量按顿饲喂，以保证肌肉的充分生长，后期适当降低饲粮能量和蛋白质水平、限制猪只每日进食的能量总量。

后期限饲的方法，一种方法是限制饲料的给量，大约减少自由采食量的 15% ～ 20%；另一种方法是降低饲粮能量浓度，仍让猪只自由采食或不限量顿喂。饲粮能量浓度降低，虽不限量饲喂，但由于猪的胃肠容积有限，每天采食的能量总量必然减少，因而同样可以达到限饲的目的，且简便易行。具体多为在饲粮中搭配糟渣，加大糠麸比例。但应注意不能添加劣质粗饲料，饲粮能量浓度不能低于 11 MJ/kg，否则虽可提高瘦肉率，却会严重影响增重，降低经济效益。

四、科学地配制饲粮并进行合理饲养

1. 饲粮的营养水平

（1）能量水平

在不限量饲养的条件下，肉猪有自动调节采食而保持进食能量守恒的能力，因而饲粮能量浓度在一定范围内变化对肉猪的生长速度、饲料利用率和胴体肥瘦度并没有显著影响。但当饲粮能量浓度降至 10.8 MJ/kg 消化能时，对肉猪增重、饲料利用率和胴体品质已有较显著的影响，生长速度和饲料利用率降低，胴本瘦肉率提高；而提高饲粮能量浓度，能提高增重速度和饲料利用率，但胴体较肥（表 6–3）。针对我国目前养猪实际，兼顾猪的增重速度、饲料利用率和胴体肥瘦度，饲料能量浓度以 11.9 ～ 11.3 MJ/kg 消化能为宜，前期取高限，后期取低限。

表 6–3　能量浓度与肉猪的生产表现

能量浓度（MJ/kg）	日采食量（kg）	饲料 / 增重	日增重（g）	背膘厚（cm）
11.00	2.50	2.91	860	2.48
12.30	2.40	2.67	900	2.65
13.68	2.35	2.48	949	2.98
15.02	2.24	2.37	944	3.02

资料来源：许振英 .《养猪》，1991

（2）蛋白质和必需氨基酸水平

不同的蛋白质和必需氨基酸水平饲喂生长肥育猪，猪的增重速度及胴体组成会有很大差异。

粗蛋白水平与生产表现关系见表 6–4。

表 6–4　粗蛋白水平与生产表现关系

项目	粗蛋白质量分数（%）					
	15.0	17.4	20.2	22.3	25.3	27.3
日增重（g）	651	721	723	733	699	689
饲料（增重）	2.48	2.26	2.24	2.19	2.26	2.35
瘦肉率（%）	44.7	46.6	46.8	47.7	49.0	50.0
背膘厚（cm）	2.16	2.05	1.97	1.81	1.72	1.50

资料来源：许振英，《养猪》，1991

从表 6–4 中可以看出，饲粮粗蛋白质水平在 17.4% 时已获得较高的日增重，至 22.3%，应保持这一水平，再高则日增重反而下降，但有利于胴体瘦肉率的提高，而用提高蛋白质水平来改善胴体品质并不经济。在生产实际中，应根据不同类型猪瘦肉生长的规律和对胴体肥瘦要求不同来制订相应的蛋白质水平。对于高瘦肉生长潜力的生长肥育猪，前期（60 kg 体重以前）蛋白质水平 16% ～ 18%，后期 13% ～ 15%；而中等瘦肉生长潜力的生长肥育猪前期 15% ～ 17%，后期 12% ～ 14%。

除蛋白质水平外，蛋白质品质也是一个重要的影响因素，各种氨基酸的水平以及它们之间的比例，特别是几种限制性氨基酸的水平及其相互间的比例会对肥育性能产生很大的影响。

在生产实际中，为使饲粮中的氨基酸平衡而使用氨基酸添加剂时，首先应保证第一限制性氨基酸的添加，其次再添加第二限制性氨基酸，如果不添加第一限制性氨基酸而单一添加第二限制性氨基酸，不仅无效，还会因饲粮氨基酸平衡进一步失调而降低生产性能。生长猪理想的可消化氨基酸模式（为赖氨酸的 %）：赖氨酸 100，精氨酸、组氨酸、色氨酸、异亮氨酸、亮氨酸、缬氨酸、苯丙氨酸 + 酪氨酸、蛋氨酸 + 胱氨酸、苏氨酸的需要量 20 ～ 50 kg 体重分别为：36、32、19、60、100、68、98、65、67；50 ～ 100 kg 体重分别为：30、32、20、60、100、68、95、70、70。

（3）矿物质和维生素水平

生长肥育猪饲粮一般主要计算钙、磷及食盐（钠）的含量。生长猪每沉积体蛋白 100 g（相当于增长瘦肉 450 g），同时，要沉积钙 6 ～ 8 g，磷 2.5 ～ 4.0 g，钠 0.5 ～ 1.0 g。根据上述生长猪矿物质的需要量及饲料矿物质的利用率，生长猪饲粮在 20 ～ 50 kg 体重阶段钙 0.60%，总磷 0.50%（有效磷 0.23%）；50 ～ 100 kg 体重阶段钙 0.50%，总磷 0.40%（有效磷 0.15%）。食盐质量分数通常占风干饲粮的 0.30%。

生长猪对维生素的吸收和利用率还难准确测定，目前，饲养标准中规定的需要量实质上是供给量。而在配制饲粮时一般不计算原料中各种维生素的含量，靠添加维生素添加剂满足需要。

（4）粗纤维水平

猪是单胃杂食动物，利用粗纤维的能力较差。粗纤维的含量是影响饲粮适口性和消化率的主要因素，饲粮粗纤维含量过低，肉猪会出现拉稀或便秘。饲粮粗纤维含量过高，则适口性差，并严重降低饲粮养分的消化率，同时，由于采食的能量减少，降低猪的增重速度，也降低了猪的膘厚，所以，纤维水平也可用于调节肥瘦度。为保证饲粮有较好的适口性和较高的消化率，生长肥育猪饲粮的粗纤维水平应控制在 6% ～ 8%，若将肥育分为还要考虑粗纤维来源，稻壳粉、玉米秸粉、稻草粉、稻壳酒糟等高纤维粗料，不宜喂肉猪。

2. 饲粮类型

（1）饲料的粉碎细度

玉米、高粱、大麦、小麦、稻谷等谷实饲料，都有坚硬的种皮或软壳，喂前粉碎或压片则有利于采食和消化。玉米等谷实的粉碎细度以微粒直径 1.2 ～ 1.8 mm 为宜。此种粒度的饲料，肉猪采食爽口，采食量大，增重快，饲料利用率也高。如粉碎过细，会影响适口性，进而降低猪的采食量，影响增重和饲料利用率，同时，使胃溃疡增加。粉碎细度也不

能绝对不变，当含有部分青饲料时，粉碎粒度稍细既不致影响适口性，也不致造成胃溃疡。

（2）生喂与熟喂

玉米、高粱、大麦、小麦、稻谷等谷实饲料及其加工副产品糠麸类，可加工后直接生喂，煮熟并不能提高其利用率。相反，饲料经加热，蛋白质变性，生物学效价降低，不仅破坏饲料中的维生素，还浪费能源和人工。因此，谷实类饲料及其加工副产物应生喂。

青绿多汁饲料，只需打浆或切碎饲喂，煮熟会破坏维生素，处理不当还会造成亚硝酸盐中毒。

（3）干喂与湿喂

配制好的干粉料，可直接用于饲喂（干喂），只要保证充足饮水就可以获得较好的饲喂效果，而且省工省时，便于应用自动饲槽进行饲喂。

饲料和水按一定比例混合饲喂（湿喂），既可提高饲料的适口性，又可避免产生饲料粉尘，但加水是不宜过多，一般按料水比例为 1 :（0.5 ～ 1.0），调制成潮拌料和湿拌料，在加水后手握成团，松手散开即可。如将料水比例加大到 1 :（1.5 ～ 2.0），即成浓粥料，虽不影响饲养效果，但需用槽子喂，费工费时。在夏季饲喂潮拌料或湿拌料时，注意不要使饲料腐败变质。

饲料中加水量过多，会使饲料过稀，降低猪的干物质采食量，冲淡胃液不利于消化，多余的水分需排出，造成生理负担。因此，喂稀料降低增重和饲料利用率，应改变农家养猪喂稀料的习惯。

（4）颗粒料

多数试验表明，颗粒料喂肉猪优于干粉料，约可提高日增重和饲料利用率 8% ～ 10%。但加工颗粒的成本高于粉状料。

3. 饲喂方法

（1）日喂次数

肉猪每天的饲喂次数应根据猪只的体重和饲粮组成作适当调整。体重 35 kg 以下时，胃肠容积小，消化能力差，而相对饲料需要多，每天宜喂 3～4 次。35～60 kg，胃肠容积扩大，消化能力增加，每天应喂 2～3 次。60 kg 以后，每天可饲喂 2 次。饲喂次数过多并无益处，反而影响猪只的休息，增加了用工量。

每次饲喂的时间间隔，应尽量保持均衡，饲喂时间应选在猪只食欲旺盛时为宜，如夏季选在早晚天气凉爽时进行饲喂。

（2）给料方法

通常采用饲槽和硬地撒喂两种方式饲喂肉猪。饲槽饲喂又有普通饲槽和自动饲槽。用普通饲槽时，要保证有充足的采食槽位，每头猪至少占 30 cm，以防强夺弱食。夏季尤其要防止剩余残料的发霉变质。地面撒喂时，饲料损失较大，饲料易受污染，但操作简便，大群地面撒喂时要注意保证猪只有充足的采食空间。

4. 供给充足洁净的饮水

肉猪的饮水量随体重、环境温度、饲粮性质和采食量等有所不同。一般在冬季时，其饮水量应为采食饲料风干量的 2～3 倍或体重的 10% 左右，春、秋两季为采食饲料风干重的 4 倍或体重的 16%，夏季约为 5 倍或体重的 23%。因此，必须供给充足洁净的饮水，饮水不足或限制饮水，会引起食欲减退，采食量减少，日增重降低和饲料利用率降低，膘厚增加，严重缺水时将引起疾病。

饮水设备以自动饮水器为好，也可以在圈栏内单设水槽，但应经常保持充足而洁净的饮水，让猪自由饮用。

五、选择适宜的出栏体重

1. 影响出栏体重的因素

猪的类型及饲养方式、消费者对胴体的要求、生产者的最佳经济效益、猪肉的供求状况等是影响出栏体重的主要因素。

不同类型的猪肌肉生长和脂肪沉积能力不同，如高瘦肉生长潜力的猪肌肉生长能力较强且保持强度生长的持续期较长，因而可适当加大出栏体重。后期限制饲养也可适当加大出栏体重。

消费者对猪肉的要求集中表现在胴体肥瘦度和肉脂品质上，20 世纪 70 年代猪油作为食用油已显著减少，80 年代转入到担心动物脂肪对人类健康的不良作用。为满足消费者的需求，需确定一个瘦肉率高、品质好的肉猪屠宰体重。

生产者的经济效益与肉猪的出栏重有密切关系，因为出栏体重直接影响肥育期平均日增重、饲料利用率，生产者还必须考虑不同品质肉的市场售价，全面权衡经济效益而确定适宜的出栏体重。

市场猪肉供求状况也影响出栏体重，供不应求时，提高出栏体重，增加产肉量（也提高经济效益）是常用的措施。供过于求时，消费者的要求必然提高，导致出栏体重降低。

2. 选择适宜的出栏体重

确定适宜出栏体重需根据肥育期平均日增重、耗料增重比、屠宰率、不同质量胴体（活猪）的售价等指标综合考虑。随着肉猪体重的增加，日增重先逐渐增加，到一定阶段后，则逐渐下降。但随着体重的增加，维持需要所占比例相对增多，胴体中脂肪比例也逐渐增多，而瘦肉率下降，且饲料转化为脂肪的效率远远低于转化为瘦肉的效率，故使饲料利用率逐渐下降。

由于不同地区肉猪生产中所用的杂交组合和饲养条件不同，肉猪的适宜出栏体重也不同。我国早熟易肥猪种适宜出栏体重为 70 kg，其他地方猪种为 75 ～ 80 kg。以我国培育猪种和地方猪种为母本，引入肉用型猪种为父本的二元杂种猪，适宜出栏体重为 90 ～ 100 kg，两个引入的国外肉用型猪种为父本的三元杂种猪，适宜出栏体重为 100 ～ 110 kg。全部用引入肉用型猪种生产的杂种猪出栏体重可延至 110 ～ 120 kg。

第七章 猪疫病防控实用技术

第一节 猪主要病毒性传染病

一、猪瘟

猪瘟是由黄病毒科、瘟病毒属的猪瘟病毒引起的猪的一种急性、热性、高度接触性传染病。临床特征为高热稽留、精神沉郁，呈败血性病理变化。猪瘟是一种严重威胁养猪发展的烈性传染病，呈世界范围内流行，世界卫生组织将其列入A类传染病，我国《中华人民共和国动物防疫法》将其列入一类传染病，北京市将其列入动物强制免疫病。

1. 病原

病原为猪瘟病毒。病毒存在病猪的各个组织器官及分泌物、排泄物中，含毒量最高是病猪发热时的实质器官，以脾脏含毒量最高，其次是淋巴结、肝、肾等。

病毒对外界环境的抵抗力强，含有病毒的材料，在室温下可生存1个月以上，在普通冰箱内存放10个月仍有毒力。病毒在冻肉中可生存几个月，甚至数年，并能抵抗盐渍和烟熏。但对直射的阳光 5 ～ 9 小时就使病毒失去活力。腐败也能使病毒失去活力。

2. 流行特点

本病只感染猪，不同年龄、品种的猪均易感。一年四季都可以发生。病猪是主要传染源，病毒随着病猪口、眼、鼻的分泌物和尿、粪排出，污染了环境，易感猪采食了被污染的饲料、饮水或吸入含毒的飞沫、尘埃等被感染。另外，病死尸体处理不当，执行防疫措施不认真，防疫用的针具不消毒，免疫不确实（打飞针），外购猪只不隔离检疫直接进场，或饲养人员家中及集体食堂吃病猪肉扩散了病毒等也是造成猪瘟发生的一些重要因素。

当前猪瘟发生还有些新特点：

一是免疫猪群呈散发，发病率多在 10% ～ 25%，病死淘汰率 100%（尤其在猪场存在着免疫抑制病的情况下）。

二是发病年龄以 35 天断奶前后的仔猪多发。有时 15 日龄以前乳猪也有发病，小育肥猪（60 kg 左右）偶有发生。

三是种公猪发病一般无明显临床症状，但繁殖母猪发病则表现繁殖障碍，以空怀、早产、产死胎、木乃伊胎、畸形胎。独子胎最为常见，病毒还可以通过胎盘传给胎儿，造成乳猪猪瘟一般 1 ～ 3 天死亡。仔猪耐过，则长期带毒排毒，造成猪场猪瘟感染不断。

四是发病猪群出现非典型猪瘟，症状表现显著减轻，死亡率减低。病理变化特征性不强，并出现了猪瘟病毒的持续感染，污染环境，形成恶性循环。

3. 临床症状

潜伏期 5 ～ 7 天，病猪发烧 42℃，呈稽留热，病猪寒战、积堆压落，发生眼结膜炎、眼角有眼眦。肠道感染先便秘后腹泻，病猪耳、四肢、胸腹下、臀部及会阴皮肤处有许多小点出血，指压不褪色。怀孕母猪感染病毒后，可以发生流产、产死胎、木乃伊胎、产下活仔体质虚弱很难成活。

温和型猪瘟主要表现消瘦、贫血、衰弱、皮肤末梢部位发绀，便秘与腹泻交替出现，病情缓慢，成年猪发病，病死率很低或不死，常不引起人们重视，但长期带毒排毒。

4. 病理变化

猪瘟病毒主要损伤小血管内皮组织，引起各器官组织出血，外观可见全身皮肤，尤其是胸腹下、臀部、耳尖和四肢皮肤出血。剖检可见，全身淋巴结肿大，周边出血，尤其是颈部颌下和肺门、肝门、肾门、股前、鼠蹊、及肠系膜淋巴结有弥漫性或周边出血严重。心外膜、心耳部弥漫性出血。心冠脂肪有散在数量不等，针尖大小出血点，肾脏土黄色有圆形小点出血，切开肾脏可见皮质、髓质、肾盂部有出血。脾脏某个部位（边缘部）有呈楔状出血梗死灶，膀胱积尿，内膜有出血点，胃、肠黏膜有出血，慢性病例可在盲、结肠黏膜部位（回盲口）有扣状肿。唇内侧，齿龈有溃疡。

猪瘟的临床症状和病理变化见图 7–1 至图 7–21。

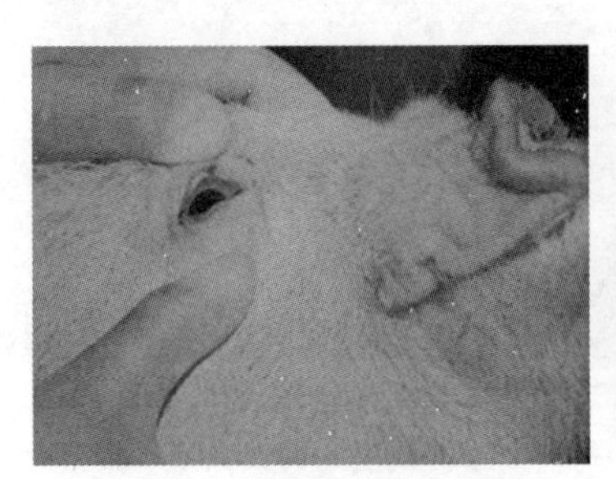

图 7–1　猪瘟：眼结膜炎

图 7–2　猪瘟：皮肤（胸下、耳尖）出血

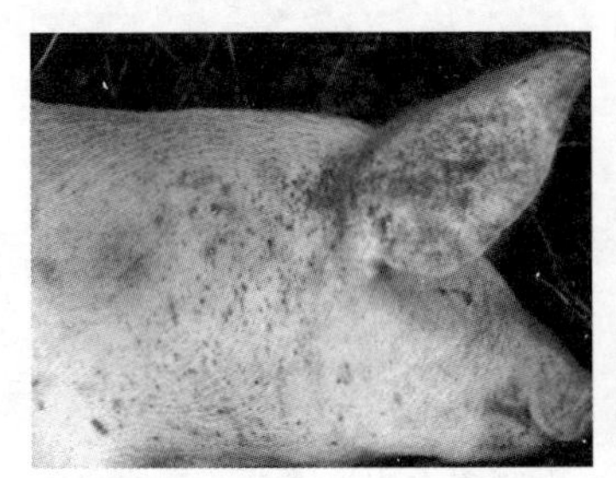

图 7–3　猪瘟：皮肤（头颈部、耳朵）出血斑点

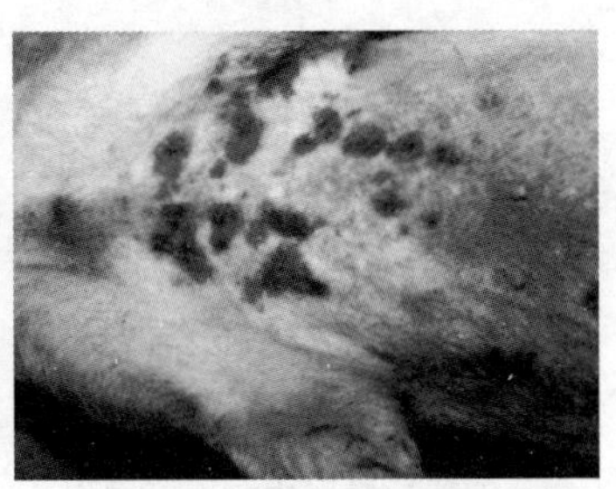

图 7–4　猪瘟：腹下皮肤出血斑及出血点

图 7–5 慢性型猪瘟：全身皮肤有瘀血斑块

图 7–6 猪瘟：繁殖障碍型（母猪产下的弱小的仔猪）

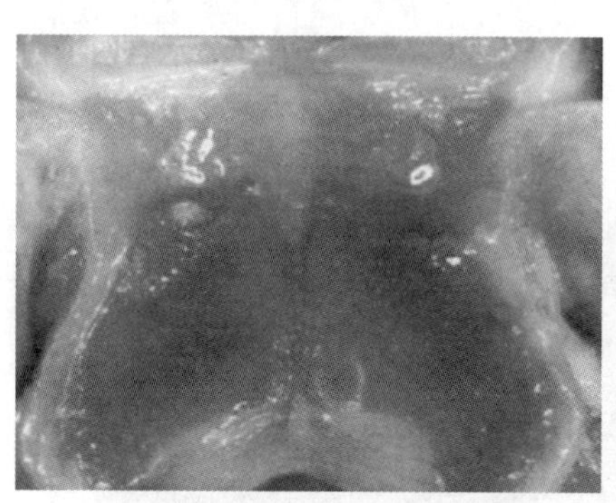

图 7–7 猪瘟：扁桃体有溃疡灶

图 7–8 猪瘟：喉头、会厌软骨有散在的针尖大小出血点

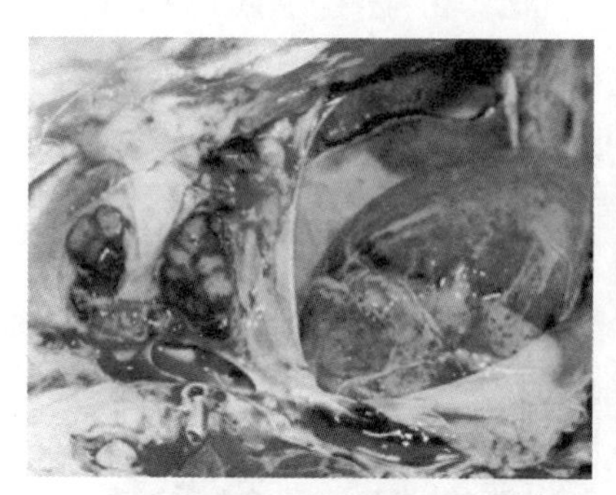

图 7–9 猪瘟：淋巴结肿大，周边出血、心外膜心耳部弥漫性出血，心冠脂肪有散在的针尖大小出血点

图 7–10 猪瘟：胃底黏膜黏液增多，黏膜出血

图 7-11　猪瘟：肠系膜有弥漫性出血

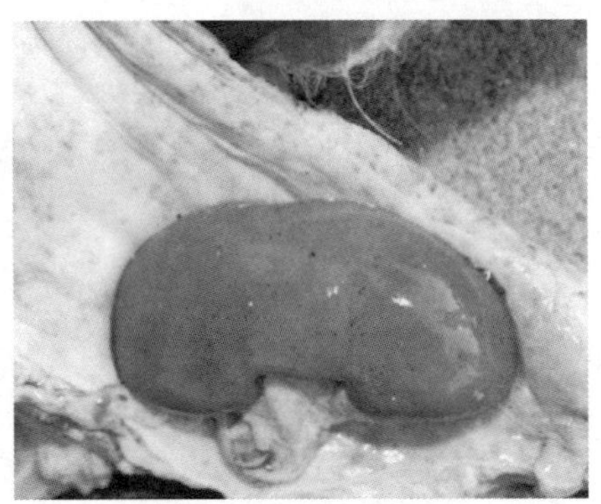

图 7-12　猪瘟：肾脏土黄色有圆形小点出血

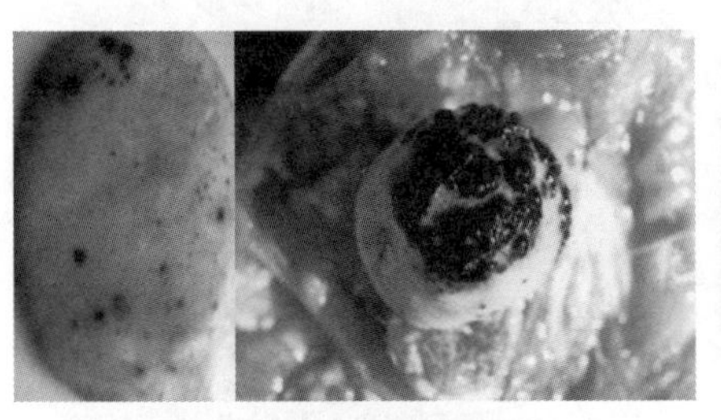

图 7-13　猪瘟：膀胱内膜有出血点和出血斑

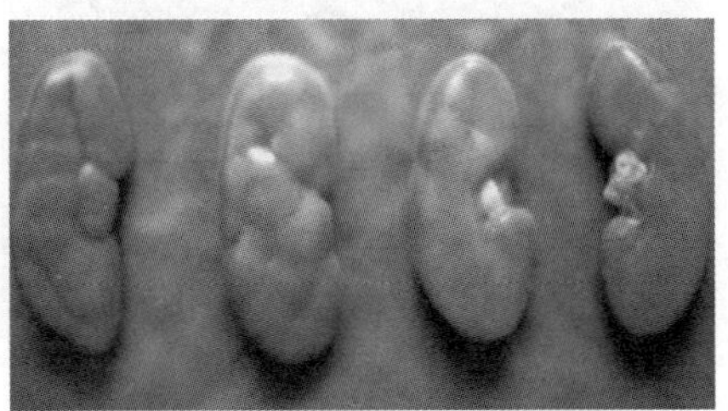

图 7-14　猪瘟：繁殖障碍型（死胎肾发育畸形）

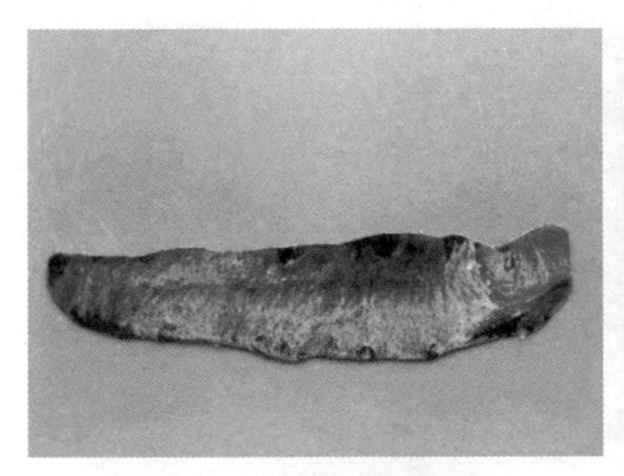

图 7-15　猪瘟：脾脏边缘部有呈楔状出血梗死灶

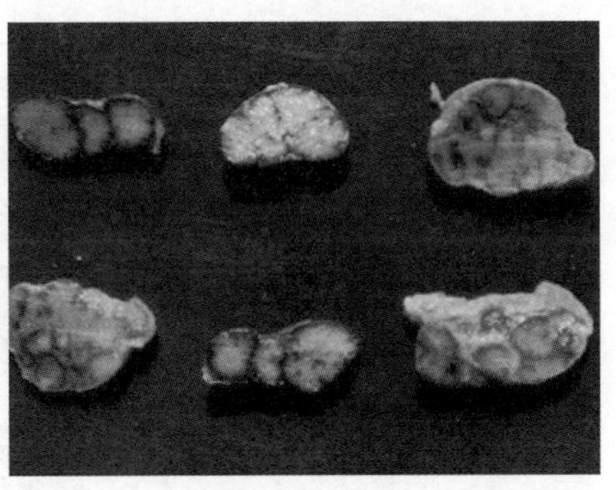

图 7-16　猪瘟：淋巴结肿大，周边出血

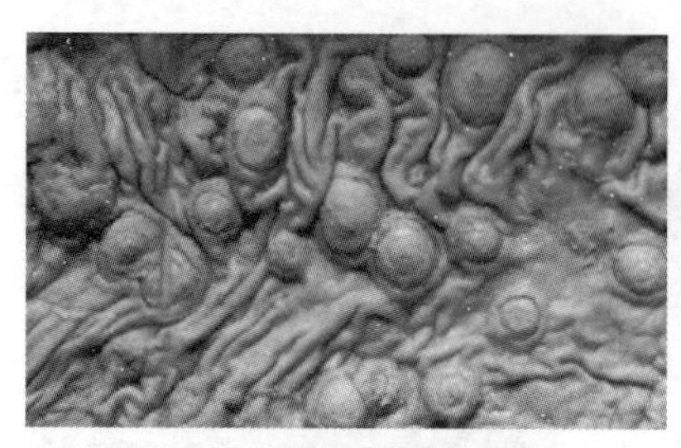

图 7-17　慢性型猪瘟：盲肠、结肠黏膜部位有扣状肿

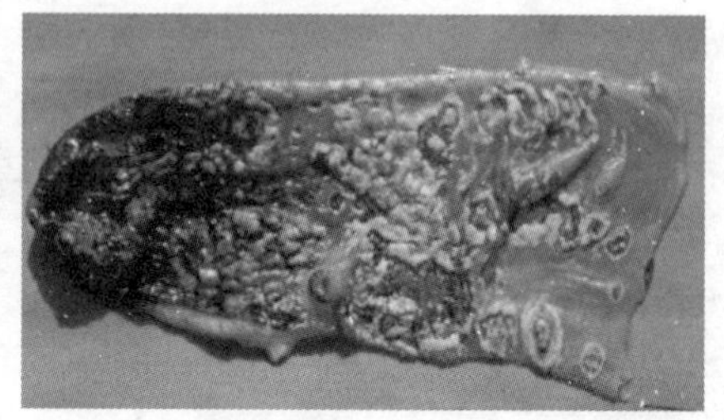

图 7-18　慢性型猪瘟：盲肠、结肠黏膜部位有扣状肿及纤维性渗出形成的伪膜

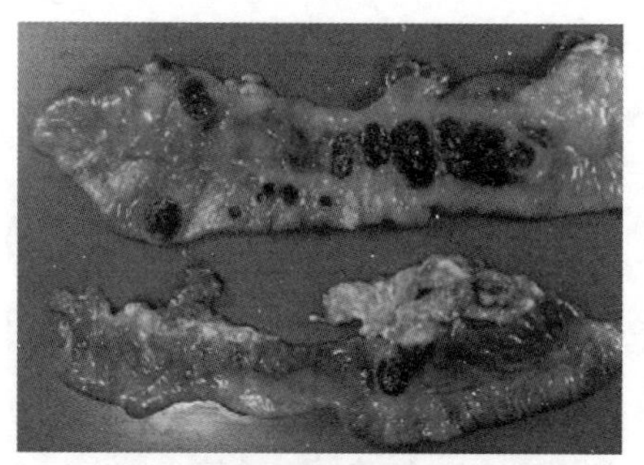

图 7-19　慢性型猪瘟：盲肠、结肠黏膜部位有扣状肿

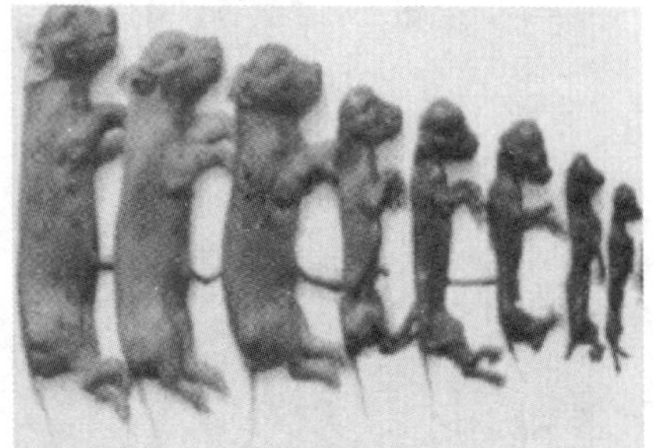

图 7-20　猪瘟：带毒母猪所产的第 1 胎胎儿

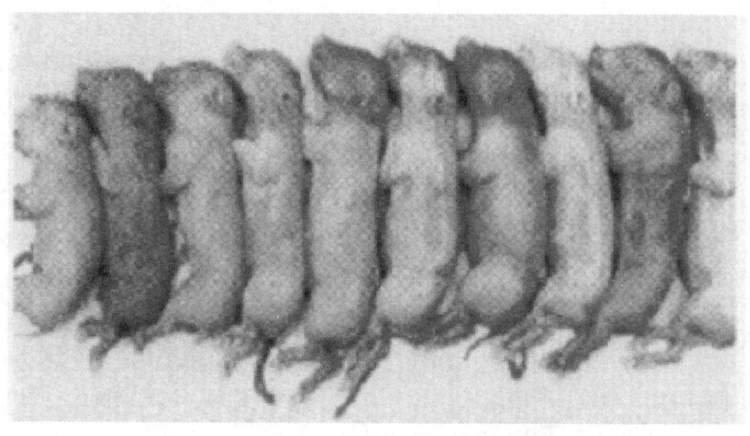

图 7-21　猪瘟：带毒猪所产的第 2 胎胎儿

5. 诊断

根据流行病学，临床症状和病理剖检变化可以作出初步诊断。确诊还需作化验室诊断。

6. 防治措施

（1）预防

采取以免疫注射为主的综合性防制措施。

一是猪瘟疫苗免疫。有条件的地区和养猪小区、猪场，可采用猪瘟免疫监测手段，根据猪瘟抗体水平消长规律进行适时免疫。没有条件搞抗体监测的地区、养猪小区、猪场，可根据本地区的养猪小区、猪场有无散发仔猪猪瘟发生，可选择以下两种建议性的免疫程序：有散发仔猪猪瘟的地区、场可采用乳前免疫方法，仔猪在吃初乳前进行猪瘟疫苗免疫，每头小猪注射 1 头剂。无散发仔猪猪瘟地区、场，可以使用 20 日龄、60 日龄分别免疫一次猪瘟疫苗的免疫程序。留种用的后备母猪，6 月龄时再注射一次猪瘟疫苗。种猪群每年二次注射猪瘟疫苗（北京地区常在春、秋两季分别注射一次）。在免疫接种过程中，疫苗剂量要足、针头长短合适，不打飞针，确保免疫效果。

二是检疫净化。养猪小区、猪场要定期对繁殖猪群采血监测，把带有猪瘟强毒抗体的猪和多次免疫抑制的猪查出淘汰，净化种猪群消除猪瘟发生的隐患。

三是环境卫生消毒。猪场内外环境卫生消毒，每一个月或半个月全场环境大消毒一次，每半个月或一周对猪舍带猪消毒一次。养猪小区、猪场内大门口、各栋门口的消毒池要经常更换药液，保持消毒药液有效。消毒药选择：大环境消毒及消毒池可以用 2% 火碱水，或 0.3% 过氧乙酸、次氯酸钠，带猪消毒可用 0.2% 次氯酸钠喷雾。

四是加强饲养管理，提高猪只个体抗病能力。喂给营养全价饲料，提供最佳生活条件，冬天要御寒，夏季要防暑，猪舍内空气新鲜，卫生良好等。猪场要自繁自养，严禁外购商品猪，必要引种猪时，要进行隔离检疫观察一个月以上，猪瘟强毒抗体阴性，猪瘟疫苗免疫后方可进场。

（2）治疗

目前还没有特效治疗方法。

发病后及时上报兽医主管部门，按照《中华人民共和国动物防疫法》实行封锁、隔离、扑杀、销毁、消毒、无害化处理、紧急免疫接种等强制性措施，迅速扑灭疫情。

二、口蹄疫

1. 病原

口蹄疫病毒具有多型性，易变性等特点。有 7 个病毒型，即 A 型、O 型、C 型、南非 I 型、南非Ⅱ型、南非Ⅲ型和亚洲 I 型。

口蹄疫病毒在病猪的水疱皮内及淋巴液中含毒量最高，在水疱发展过程中，病毒进入血流分布到全身各组织和体液，病猪的奶、尿、口涎、眼泪、粪便等都含有一定量的病毒。

2. 流行特点

在自然流行中发生于偶蹄兽，以黄牛为最易感（尤其是奶牛），其次为水牛、牦牛、猪，再次为羊、骆驼、野生偶蹄兽也能发病。人也可以感染。在我国已发现口蹄病毒有 O 型、A 型、亚洲 I 型，最常流行的是 O 型口蹄疫病毒（2009 ～ 2011 年以来猪发生的口蹄病初步判定为 O 型缅甸 98 株），以大流行和流行性多见，没有太明显季节性，以寒冷季节多发，但在炎热的夏季也有发生。

病畜是主要的传染源，甚至在出现症状前即带毒，排毒，以发病初期排毒量最大，毒力最强。在一个养猪小区、猪场内只要有 1 头猪发病，很快就蔓延全群，然后再通过风，交通工具，饲料袋，人员等将疫情扩散这个地区所在的养猪小区、猪场和户养猪。

3. 临床症状

在自然感染情况下一般 18 ～ 20 小时就可以发病。病猪主要表现鼻颈，口唇形成水疱或突起，病猪体温升高，在蹄部有毛无毛交界处，蹄叉、蹄踵、母猪乳房上发生水疱。在多数病例蹄部病变起于蹄叉侧面的趾枕前部，其次是蹄叉后下端或蹄后跟附近，发生水疱之处表现深红斑块，病猪体温上升到 41 ～ 42℃，拒食，沉郁，卧地，蹄不敢着地，用腕关节爬行，严重腕部磨破鲜血直流，个别猪因患部感染了其他细菌而使蹄部烂掉。当水疱破后体温下降，一般 4 ～ 7 天转入康复期。妊娠后期母猪患病，除有以上症状外还发生流产、死胎，产下仔猪迅速死亡（全窝都死），断奶仔猪发病常因病毒侵入心脏，引起急性心肌炎造成死亡。

4. 病理变化

主要病变特征是皮肤、黏膜出现水疱、烂斑、恶性口蹄疫病变，幼猪则出现虎斑心，其他脏器均无特征性病变。

口蹄疫的临床症状和病理变化见图 7-22 至图 7-30。

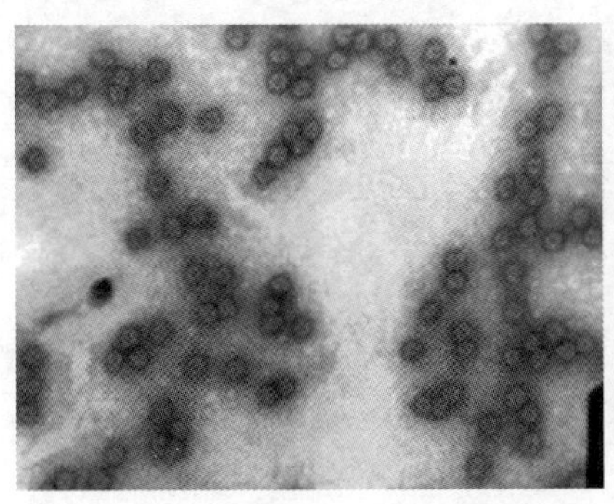

图 7-22　口蹄疫病毒（电镜 10 万倍）

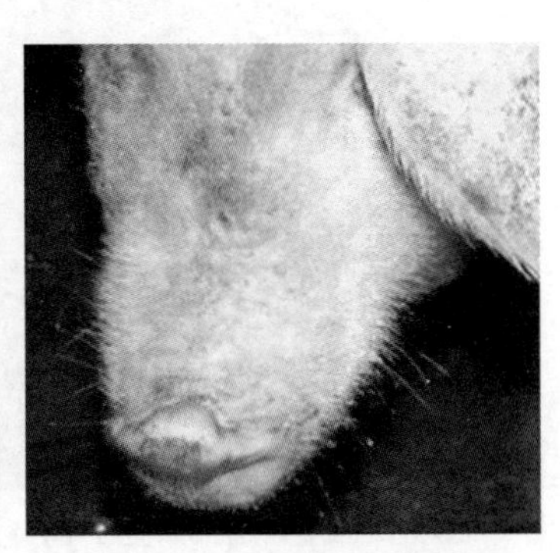

图 7-23　口蹄疫：鼻部皮肤出现水疱

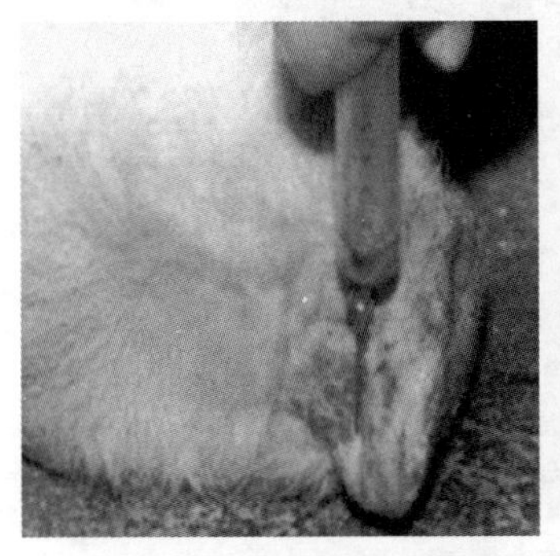

图 7-24　口蹄疫：鼻部皮肤水疱内有多量液体

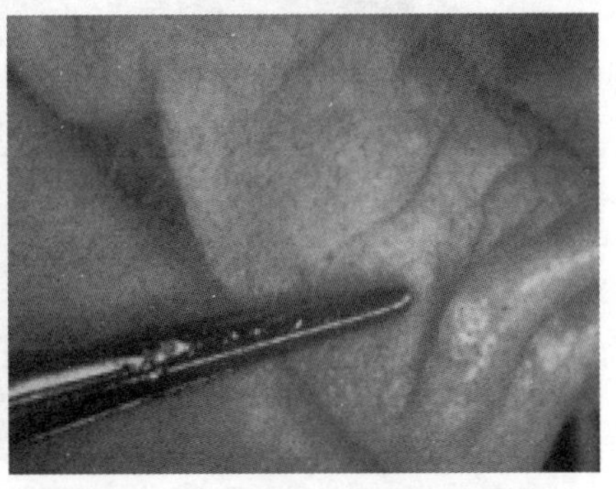

图 7-25　口蹄疫：鼻部皮肤水疱

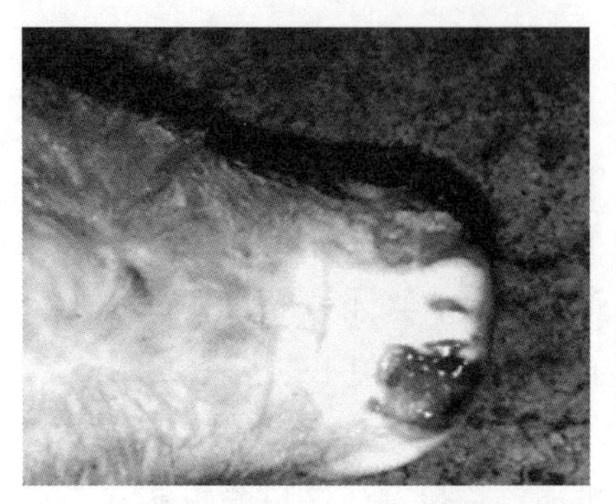

图 7–26　口蹄疫：鼻部水疱破溃剥离后，皮肤出血

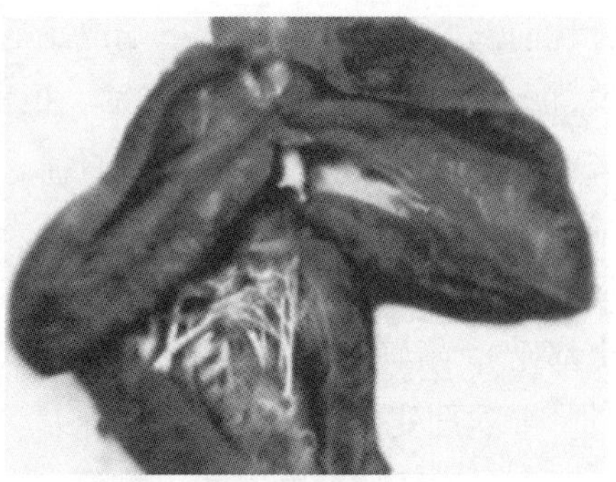

图 7–27　恶性口蹄疫：幼猪出现虎斑心

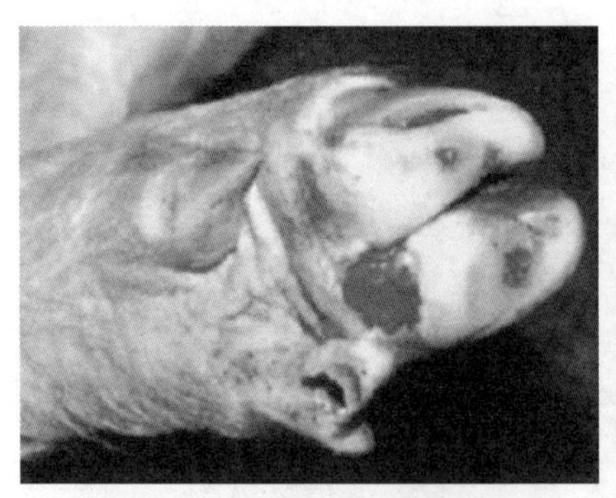

图 7–28　口蹄疫：蹄部病变（1）

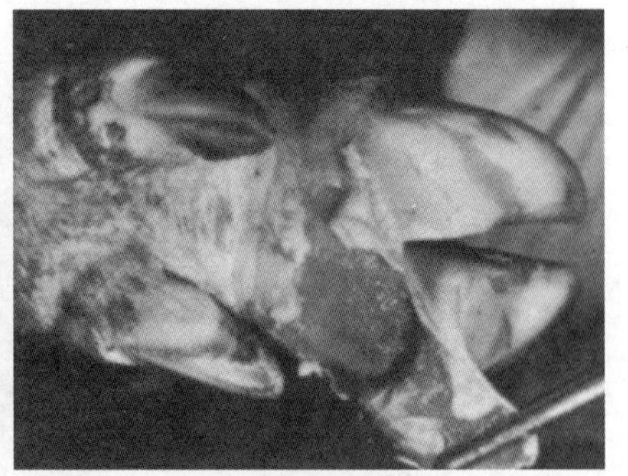

图 7–29　口蹄疫：蹄部病变（2）

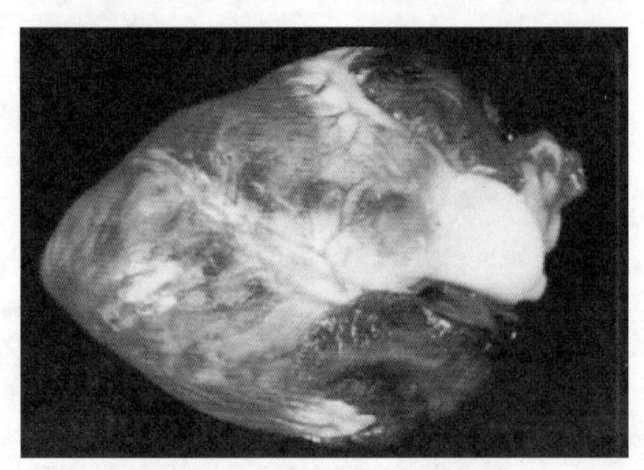

图 7–30　恶性口蹄疫：虎斑心

5. 诊断

根据流行病学、临床症状、病理变化，不难作出初步诊断。但确诊还应做病原学及血清学检查，其方法有：补体结合反应，反相、正相被动血凝，VIA 抗体检测琼扩法，细胞中和试验，液相阻断酶联免疫吸附试验（LBE）合成肽酶联免疫吸附试验等。

6. 防治措施

（1）预防

根据口蹄疫流行特点和本病疫情的具体情况应采取以下防制措施。

疫苗免疫：养猪小区、猪场采用注射疫苗来预防口蹄疫病。疫苗使用O型+亚I双价灭活苗进行免疫。首免40日龄左右，肌肉注射1 mL/头；二免 70 日龄左右，肌肉注射疫苗 2 mL/ 头。作为商品猪至出栏不再免疫，留作种用的每隔 5 ～ 6 个月需再作一次疫苗免疫，每次肌肉注射疫苗 2 mL/ 头。

养猪小区、猪场要自繁自养，必要引种时，也要严禁从疫区、疫场引猪，从非疫区调入种猪也应进行隔离检疫一个月后，确无本病，方可以进场全群饲养。

养猪小区、猪场要有严格规章制度，禁止外人进场参观，上级领导、兽医卫生监督技术部门必须进场时也要换工作服、鞋、帽、洗手进消毒室经过消毒，踏消毒池、方可进入生产区。

养猪小区、猪场要定期进行全场大消毒，猪舍每星期带猪消毒一次。消毒药可选用 0.3% 的过氧乙酸，0.5% 次氯酸钠，环境消毒药可用 2% 火碱。

（2）治疗

无特效治疗方法，对症治疗，可缓解症状，不能阻止继续感染和传播病毒。

发病后及时上报兽医主管部门，按照《中华人民共和国动物防疫法》一类传染病处理方法，实行封锁、隔离、扑杀、销毁、消毒、无害化处理、紧急免疫接种等强制性措施，迅速扑灭疫病，防止疫情扩散。

三、高致病性猪蓝耳病

此病又称为猪生殖与呼吸道综合征（PRRS）。

高致病性猪蓝耳病是当前危害全球养猪业的重要疫病之一。《中华人民共和国动物防疫法》将其列入二类传染病，北京市也将其列入动物强制免疫病。

1. 病原

猪蓝耳病病毒（简称 LV，PRRSV），国际病毒命名委员会于 1995 年将 LV（PRRSV）列入独立的动脉炎病毒属。病毒本身存在着差异，毒力有强弱之分，并更趋向多样化。

2. 流行特点

本病的主要传染源是病猪和带毒猪以及被污染的环境、用具，而病猪可长期带毒一年。病毒主要通过接触和空气传播，以呼吸道传播最快，其次是妊娠后期垂直感染或通过配种传染。所有的猪（不分性别、年龄、品种）都可以感染，但以妊娠后期的母猪和哺乳仔猪发病最为严重。

本病流行范围广，流行季节明显，多以夏季 6 ～ 8 月间发生；主要以饲养管理条件较差的散养户和规模化猪场多发。不同日龄、不同品种的猪均可发生。同时，伴有多种病毒、细菌、寄生虫混合感染造成猪只发病率、死亡率升高；免疫不规范、滥用抗生素、环境卫生差是造成发病率和死亡率增高的主要诱因。

3. 临床症状

突然发病，猪体温升高（41 ～ 42.5℃），呼吸困难，喜俯卧，皮肤发红，身体多处皮肤呈紫红色斑块状；病猪出现严重的腹式呼吸，气喘急促，流鼻涕、打喷嚏、咳嗽、眼分泌物增多，出现结膜炎症状；有些病猪群便秘，粪便干燥，呈球状，尿黄而少，浑浊。病程稍长的猪全身苍白、贫血，被毛粗乱，病猪后肢无力，个别病猪濒死前不能站立，最后全身抽搐而死。发病猪群死亡率高，仔猪死亡率可高达 50% ～ 80%。母猪在怀孕后期（100 ～ 110 天）出现流产，产死胎、弱仔和木乃伊胎。

4. 病理变化

剖检病变呈多样性：肺脏、腹腔内有大量黄色积液和纤维性渗出物，呈现多发性浆液纤维素性胸膜炎和腹膜炎；肺脏水肿，呈现斑驳状和褐色状大理石样病变；肺间质增宽，间质性肺炎症状明显；淋巴结明显肿大，特别是腹股沟淋巴结和肺门淋巴结；个别猪肾、膀胱、喉头、心冠状沟脂肪及心内外膜等有出血点；还有些病死猪肾脏肿大，颜色变深，呈褐色或土黄色，质地较脆，有淤血现象；有的病猪脾脏肿大，质脆，个别猪有消化道病变。

高致病性蓝耳病的临床症状和病理变化见图 7–31 至图 7–44。

图 7–31　猪蓝耳病发病猪群

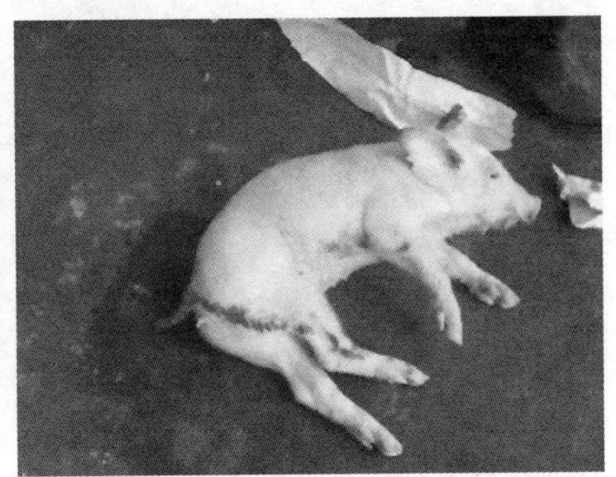

图 7–32　猪蓝耳病：神经症状

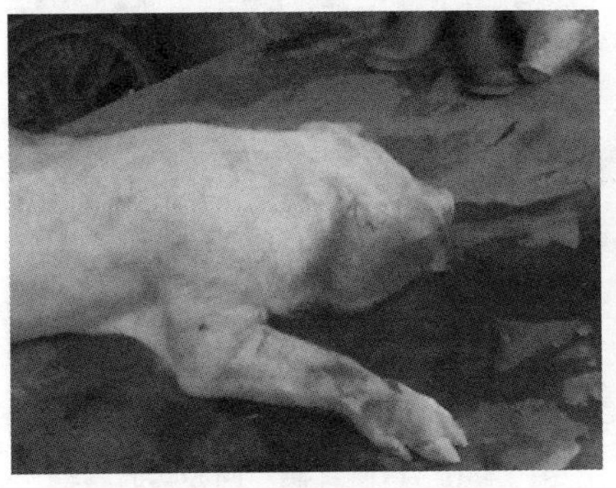

图 7–33　猪蓝耳病：耳部皮红

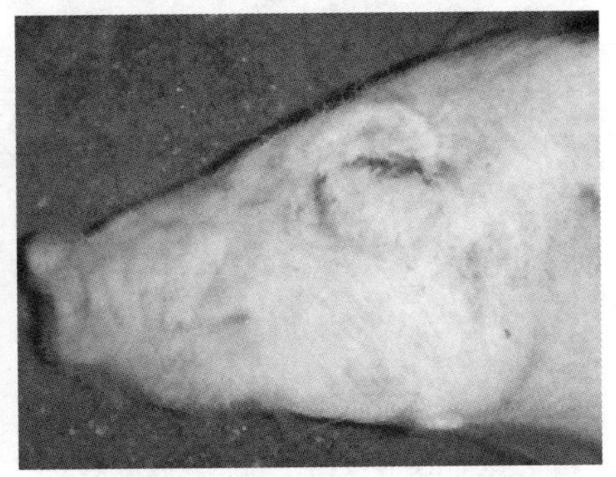

图 7–34　猪蓝耳病：眼结膜炎

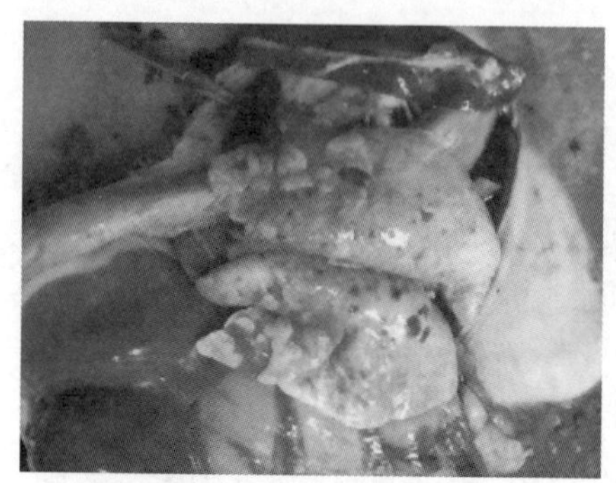
图 7-35　猪蓝耳病：肺出血灶

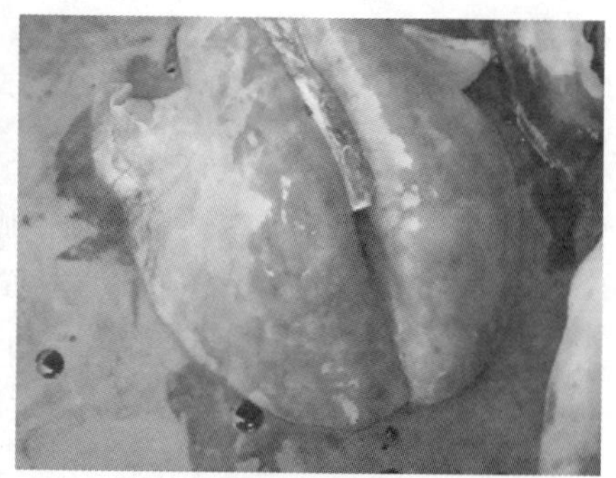
图 7-36　猪蓝耳病：肺水肿

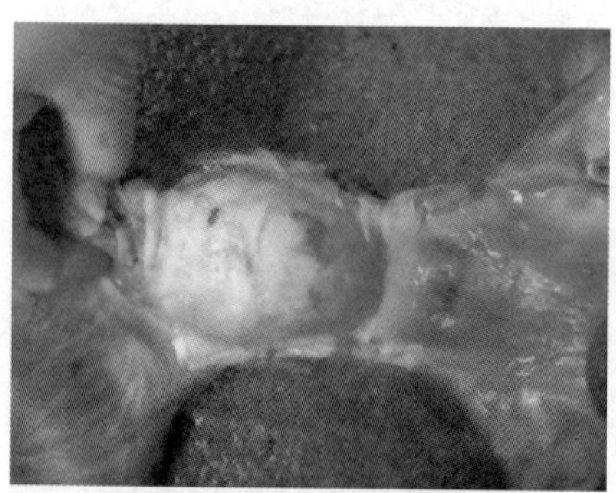
图 7-37　猪蓝耳病：脑出血，胶冻样变

图 7-38　猪蓝耳病：经产母猪心肌出血

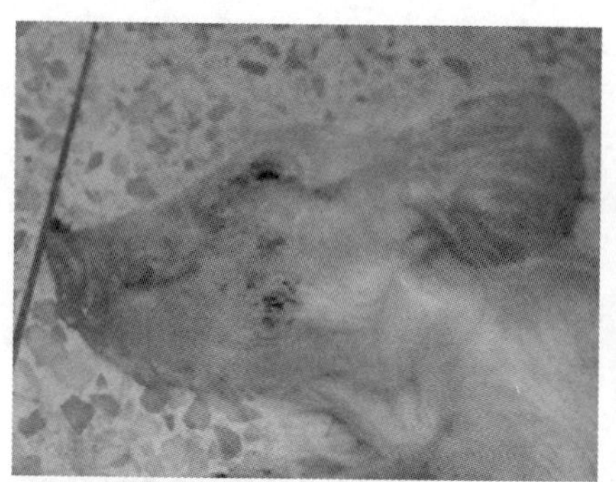
图 7-39　猪蓝耳病：回归实验感染 21 日龄仔猪临床症状(皮肤发红，眼结膜炎)

图 7-40　猪蓝耳病：回归实验感染 21 日龄仔猪 (耳缘发紫，不能站立)

图 7-41　猪蓝耳病：回归实验感染 21 日龄仔猪（圆圈运动）

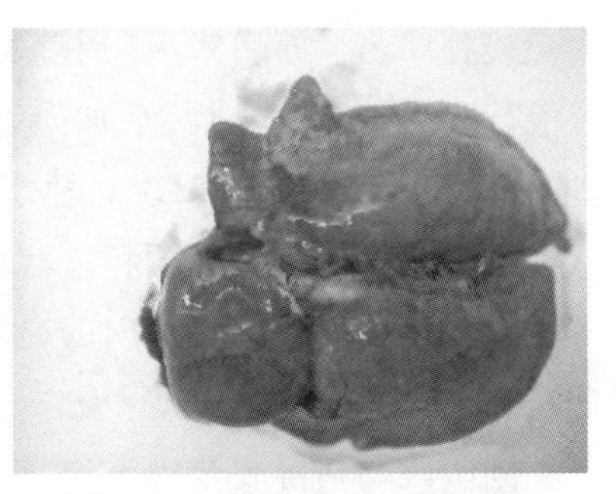

图 7-42　猪蓝耳病：回归实验感染 21 日龄仔猪（肺水肿、实变）

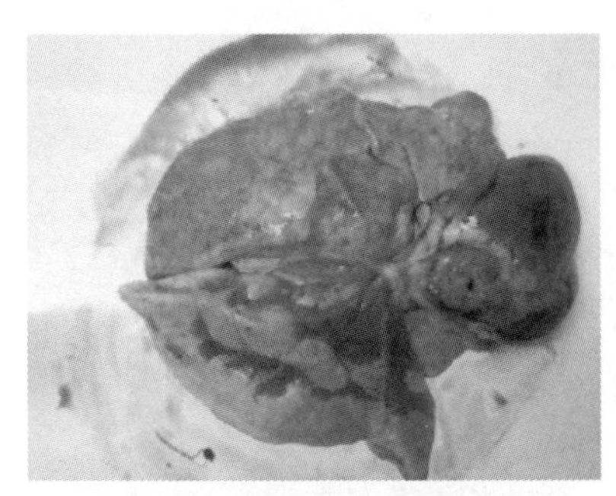

图 7-43　猪蓝耳病：回归实验感染 21 日龄仔猪（肺实变）

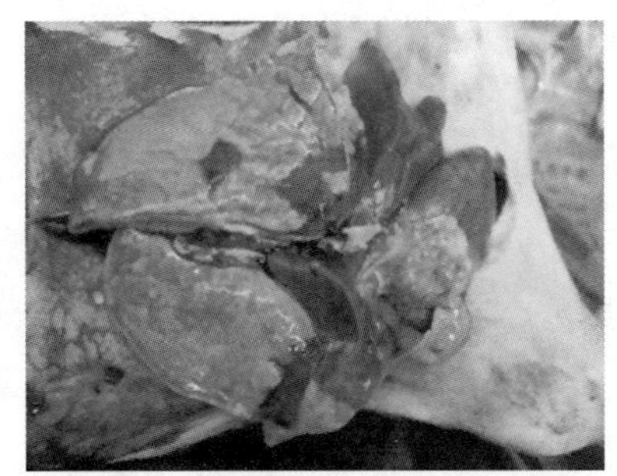

图 7-44　猪蓝耳病：回归实验感染 21 日龄仔猪（肺灶性实变，间质增生）

5. 诊断

根据临床指标。体温明显升高，可达 41℃以上，仔猪发病率 100%，死亡率 50% ～ 80%，妊娠母猪流产率可达 30% 以上，成年猪也可以发病死亡等可以得出初步印象，确诊必须做病原学检查，高致病性蓝耳病病毒分离鉴定阳性，或高致病性蓝耳病病毒反转录聚合酶链式反应（RT-PCR）检验阳性。

6. 防治措施

本病多采用以预防为主的综合性防制措施。

（1）预防

疫苗免疫：使用高致病性蓝耳病（NVDC-JXA1 株）灭活疫苗。推荐临时免疫程序为，商品猪：3 周龄及 3 周龄以上仔猪免疫，使用量 2 mL/次（流行区在免疫 3 ～ 4 周后加强免疫 1 次，使用量 2 mL/ 次）。种母猪：配种前免疫，使用量 4 mL/ 次。种公猪：每 6 个月免疫，使用量 4 mL/ 次。

加强饲养管理，调整饲料，增加矿物质、维生素，搞好能量及各种营养物质的平衡。改善猪舍内的通风和采光，减少猪群密度，实行仔猪早期断奶，减少母猪对仔猪感染。

不同阶段的猪群要全进全出，圈舍内彻底清扫消毒，消毒药可选用 0.3% ～ 0.5% 过氧乙酸或 2% 火碱等。

严禁从疫区引种，从非疫区引种时要严格隔离检疫 2 ～ 3 个月，确无此病时方可以进场。

（2）治疗

无特效疗法。

养猪小区、猪场要严格执行《中华人民共和国动物防疫法》二类传染病（高致病性蓝耳病）处理方法，发生疑似病例，立即上报，尽快诊断，及时扑灭疫情。

四、猪细小病毒感染

猪细小病毒病是由猪细小病毒引起猪的繁殖障碍病。其特征是受感染母猪，特别是初产母猪表现为：产死胎、畸形胎儿和木乃伊胎儿，其他种类的猪感染后均无明显的临床症状。

1. 病原

猪细小病毒属于细小病毒科，细小病毒属的猪细小病毒。本病毒对热，脂溶剂及胰蛋白酶具有很强的抵抗力，加热到 80℃ 5 分钟才能灭活。

2. 流行特点

一般呈地方流行性或散发，发病季节集中在春、秋产仔季节。病猪和带毒猪是主要传染源，急性感染猪的排泄物和分泌物中含有较多病毒，3 ～ 7 天开始经粪便排毒，以后可不规则向外界排毒，从而污染了猪舍和环境。健康猪通过消化道、呼吸道、生殖道均可以水平感染，胚胎与胎儿经胎盘垂直感染。啮齿动物鼠也是重要的传播媒介。因病毒对外界抗抵力很强，所以，造成猪只不断感染。

3. 临床症状

主要表现是初产母猪患病，根据感染时期不同，分别表现为不孕、流产、死胎、木乃伊胎、弱胎等，幸存仔猪生产缓慢，长期带毒排毒。成年猪和其他不同阶段猪感染后，没有明显临床症状，但其体内很多组织器官均有病毒存在。

4. 病理变化

怀孕母猪感染后未见明显病变，仅子宫内膜有轻微炎症。但流产胎儿可见全身充血、出血、水肿、畸形、木乃伊胎等病变。组织学检查，可见大脑灰质、白质和软脑膜有以增生后的外膜细胞，组织细胞和浆细胞浸润形成血管套呈典型脑膜脑炎特征。并可见神经胶质细胞增生和变性。

猪细小病毒病的临床症状见图 7–45 和图 7–46。

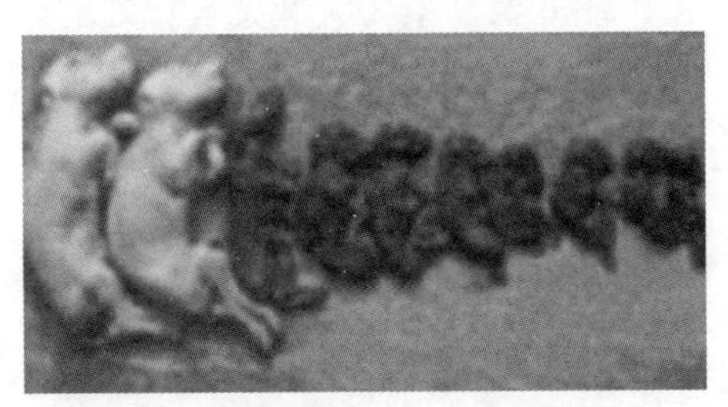

图 7–45　猪细小病毒病流产胎儿（1）

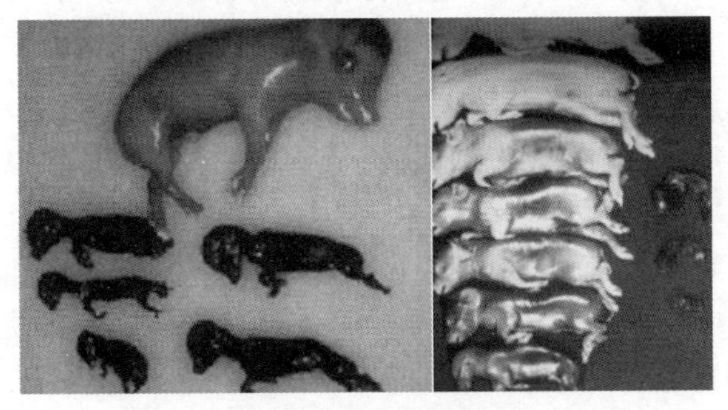

图 7–46　猪细小病毒病流产胎儿（2）

5. 诊断

根据流行病学，发病情况和临床症状可以得出初步诊断，但确诊需作实验室诊断。诊断方法有：病毒分离、荧光抗体检查、血球凝集抑制试验、补体结合反应和中和试验等。

6. 防治措施

（1）预防

疫苗接种，初产母猪于配种前一个月和半个月分别进行两次猪细小病毒病弱毒疫苗免疫。

养猪小区、猪场严格执行自繁自养原则，必要引种时要进行隔离检疫，严防将病猪购入。

本病流行地区将后备母猪严格控制在 10 月龄后再进行配种。

加强养猪小区、猪场内外环境消毒，消毒药以 2% 火碱水和 0.5% 漂白粉效果最好。

污染品处理：流产胎儿及污染物应做无害化处理。

（2）治疗

目前，尚无有效的药物治疗方法。

五、猪流行性感冒

猪流行性感冒（简称猪流感，SI）以突发、咳嗽、呼吸困难、发热、衰竭及迅速康复为主要特征，除少数病例因严重病毒性肺炎死亡外，一般呼吸道的损伤发展快，转归也快。猪流行性感冒在全世界的养猪生产中发生很普遍。

1. 病原

猪流行性感冒病毒属于正黏液病毒，其病原为若干种相似的 A 型流感病毒。

病毒主要存在于病猪的鼻液、气管、支气管的渗出液和肺及肺部淋巴结内。

2. 流行特点

本病呈地方性流行或大流行，病猪和带毒猪是主要传染源。传播途径主要通过呼吸道飞沫或直接接触性传播。发病不分年龄、性别、品种，以秋末初春及寒冷季节多发。病程约一周左右，如继发巴氏杆菌、副嗜血杆菌和肺炎双球菌时，则加重病情并且能造成猪只大批死亡。

3. 临床症状

根据患猪类型及其免疫状态而表现不同。无免疫力的猪群急性感染之后会表现食欲不振、咳嗽、鼻、眼有分泌物、呼吸困难及体温升高（40.5℃以上）等症状。

体温升高会造成母猪流产、返情、不孕或仔猪生活力低下，会导致泌乳期母猪的无乳症、仔猪瘦弱。公猪会因体温升高而影响精液的生产，受精率低下，持续5周时间。

在疫病转为地方性的种猪群当中，会出现散发的繁殖障碍和一些呼吸道症状，主要在猪群自然免疫力下降的阶段（该阶段可持续6个月）或有易感猪只转入的情况下出现。

在育成猪群中，猪流感有时也会单独发生，但更多情况下是伴随猪繁殖呼吸综合征（PRRS）、地方性肺炎（EP）、猪呼吸道冠状病毒（PRCV）、猪圆环病毒病（PCV2）以及放线杆菌胸膜肺炎、副嗜血杆菌病、沙门氏菌病和链球菌感染之类细菌性疾病发生而表现出呼吸系统综合征。

4. 病理变化

病变主要表现鼻、喉、气管、支气管黏膜充血，管腔内有多量泡沫状黏液，有时并混有少量血液，肺部病变严重时大面积弥漫性炎性水肿，充血、淤血、间质增宽，呈紫红色。颈部、纵膈、肺门淋巴结水肿，充血，切面外翻多汁。胃肠呈卡他性炎症。

猪流感的肺脏病理变化见图7–47。

5. 诊断

根据流行情况，发病季节，临床症状可得出初步诊断，但要注意与猪肺疫、喘气病和嗜血杆菌病的区别。确诊需作血清学和病毒分离等方面的诊断。

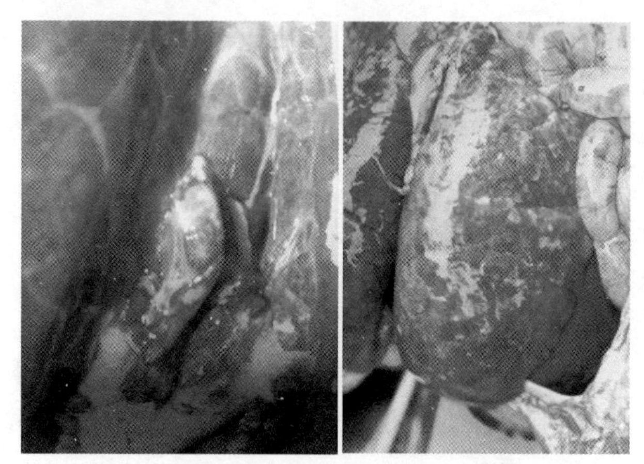

图 7–47　猪流感：肺门淋巴结肿大、切面周边出血
（肺脏弥漫性炎性水肿、肺小叶间质增宽）

6. 防治措施

（1）预防

目前，已有猪流行性感冒免疫用的疫苗，疫苗免疫需要选择与当地流行相符的疫苗给猪只注射，北京地区还未有给猪注射疫苗的先例。加强饲养管理非常重要，尤其在晚秋至第二年初春季节，要注意天气变化，猪舍内要在防寒保暖的基础上，搞好通风换气，保持猪舍内空气新鲜。坚持舍内外环境卫生消毒。本病流行季节，猪舍内每两周用过氧乙酸带猪消毒一次（浓度 0.3%）。也可用食醋熏蒸消毒。

生物安全措施，对进入猪场的人员、车辆要加以控制，必须进入时要做好消毒。猪场严格执行自繁自养原则，必要引种时要进行隔离检疫，确定其不携带猪流感病毒，严防将病猪购入。

（2）治疗

本病无特效疗法，对症治疗可以缓轻症状，防止继发感染。

常用的解热镇痛药有：30% 安乃近，按每 50 kg 猪注射 5 mL。安痛定或复方奎宁按每 50 kg 猪注射 10 mL。抗菌消炎防细菌感染有：青霉素、链霉素或磺胺类药物。中草药有：板蓝根合剂或饲料当中添加 2% ～ 3% 生姜也有一定防治作用。

六、猪传染性胃肠炎

猪传染性胃肠炎是以呕吐和腹泻为主要症状的传染病。临床上各种年龄的猪都易感，但以 10 日龄以内的乳猪发病率和死亡率最高，发病率可高达 100%。

1. 病原

本病原是属于冠状病毒科，猪传染性胃肠炎病毒。病毒主要存在病猪的消化道，以空肠、十二指肠及回肠的黏膜最多，随着粪便排出，生后一周以内乳猪鼻黏膜、肺、肾、脾和肝里也常存有病毒，并能大量繁殖。狗、猫、苍蝇也可能是本病的携带者。

2. 流行特点

各种年龄的猪都有易感性，10 日龄以内的乳猪发病率、死亡率可高达 100%，35 日龄以上仔猪发病，症状轻，则很少死亡，大多数猪可以自然恢复，并且在一定时间内保持较高抗体水平。

病猪和带毒猪是主要传染源，健康猪经消化道，采食了含有病毒的饲料、饮水，经呼吸道吸入了带病毒的空气、尘埃而感染。特别是密闭式猪舍，在湿度大、温度低，高密度饲养的猪群中更易感染本病。

本病在新发病地区呈流行性，传播迅速，很快就传播到全场所有的猪群。在老疫区呈地方性流行或间歇性发生。

3. 临床症状

潜伏期，仔猪 12 ～ 24 小时，大猪 2 ～ 4 天。哺乳仔猪吃奶后突然发生呕吐，然后发生剧烈水样腹泻，粪便乳白色或黄绿色，带有小块未消化的凝乳块，并带有恶臭，后期因仔猪脱水，粪便变黏稠，病猪体重减轻，体温下降，很快死亡。10 日龄以内仔猪常 100% 的发病和死亡。35 日龄以上育成猪发病率也在 80% 左右，病猪突然发生水样腹泻，食欲减退，偶发生呕吐，病程在 5 ～ 7 天，很少发生死亡，但严重影响增重。成年猪有一定耐受性，发病后有轻度腹泻，3 ～ 5 天很快就过去。但是，妊娠后期母猪发病，所产下仔猪往往全窝死亡，妊娠前、中期发病的母猪在康复后 20 多天所产下的仔猪，常常表现不发病或发病后症状轻，死亡也很少。哺乳母猪发病，表现高度衰弱，体温升高，泌乳停止，呕吐，不食，严重腹泻。

4. 病理变化

病变主要在胃和小肠，哺乳仔猪胃膨胀。内容物有未消化的凝乳块，小肠膨胀并有泡沫状液体。胃、肠壁有出血斑，小肠扩张，肠壁菲薄，小肠绒毛萎缩，变平。

猪传染性胃肠炎的临床症状和病理变化见图 7–48 至图 7–56。

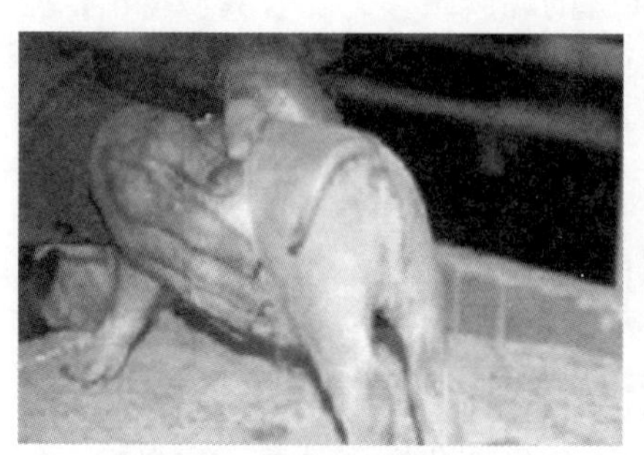

图 7–48 猪传染性胃肠炎：
哺乳仔猪拉黄绿色稀粪

图 7–49 猪传染性胃肠炎：
哺乳仔猪吃奶后突然发生呕吐

图 7–50 猪传染性胃肠炎：
腹泻，粪便乳白色或黄绿色

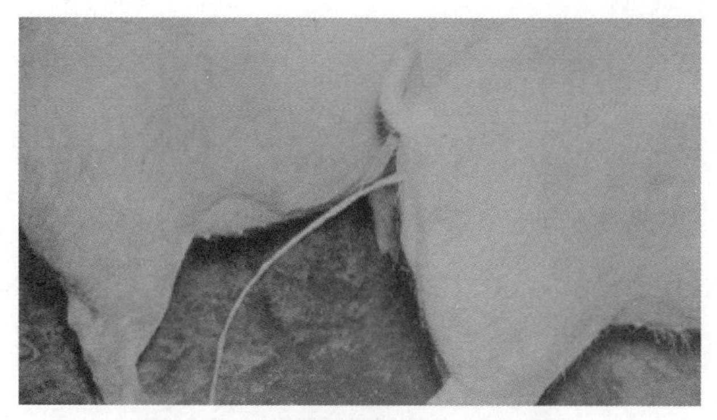

图 7–51　猪传染性胃肠炎：水样腹泻

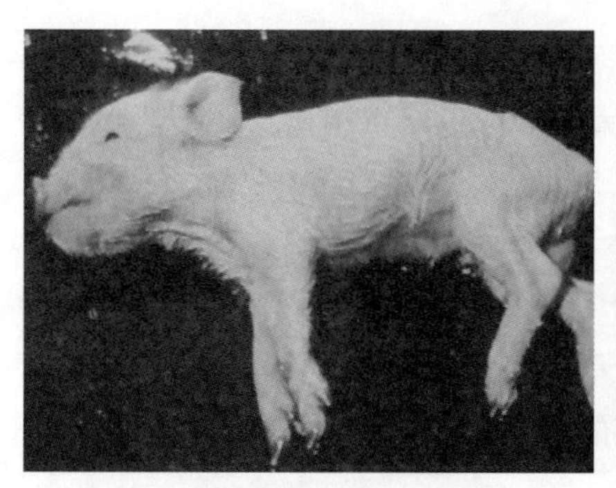

图 7–52　猪传染性胃肠炎：病猪消瘦、脱水

图 7–53　猪传染性胃肠炎：病猪消瘦、脱水、死亡

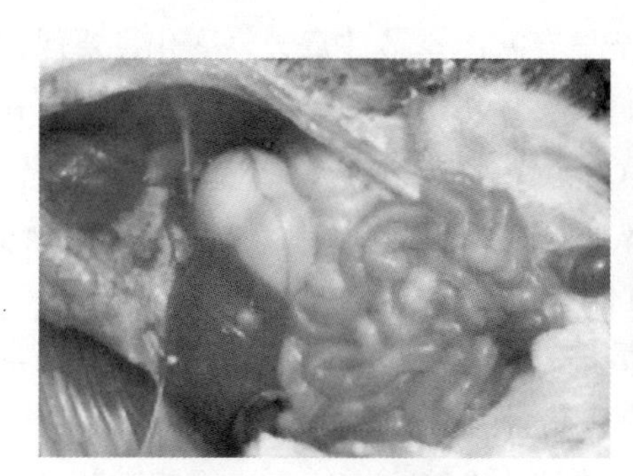

图 7–54　猪传染性胃肠炎：小肠扩张，肠壁菲薄

图 7–55　猪传染性胃肠炎：小肠扩张、肠壁菲薄、小肠充血膨大

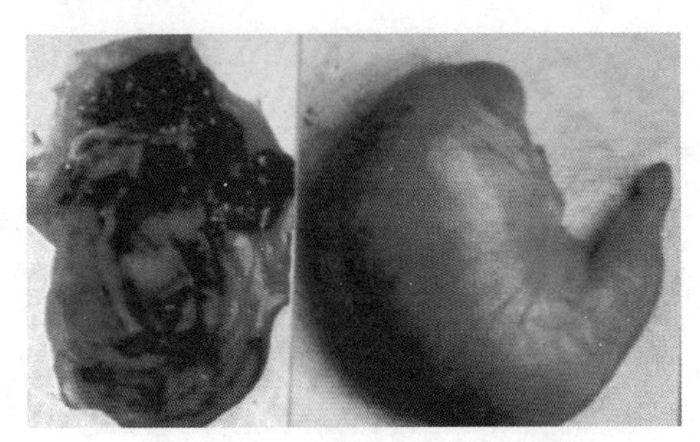

图 7–56 猪传染性胃肠炎：胃黏膜弥漫性充血、肿胀，胃膨隆积食

5. 诊断

根据流行病特点，临床症状及病理剖检可以得出初步诊断，确诊必须做病原检查或血清学检查。

6. 防治措施

（1）预防

疫苗接种，妊娠母猪于产前 45 天、15 天分别注射传染性胃肠炎疫苗 1 头剂。初生仔猪通过初乳获得足够的免疫抗体，或者乳猪生后注射疫苗 1 头剂。

应用康复猪抗凝血或高免血清，每日口服 10 mL，连用 3 天对新生仔猪也有一定的预防效果。

加强猪的饲养管理，在晚秋至早春寒冷季节注意天气变化，要保持猪舍内温度恒定，尤其是产房和育成（仔培）猪舍，产房昼夜温度要在 25℃左右，护仔箱内温度要在 30℃以上，育成猪舍温度在 22℃以上。但还要注意在保暖的基础上做好通风换气，保持室内空气新鲜，地面干燥，防止贼风侵袭，防潮湿，室内湿度保持在 70% 以下。

加强兽医卫生工作，饲养人员进入猪舍要更衣，换工作鞋，踏消毒池。洗净双手，经消毒后方可以进入猪舍工作。猪舍内每天要认真清扫、洗刷，每 3 天带猪消毒 1 次，药物可选用 0.2% ～ 0.3% 次氯酸钠和过氧乙酸。

严禁从疫区、疫场引猪。当猪群受到感染危胁时，防止因人员、车辆及狗、猫流动以及用具造成传播。

（2）治疗

本病尚无特效疗法，对症治疗可以缓轻症状，防止继发感染。具体做法如下。

当猪群发病后，应马上采取隔离、消毒措施，对被病猪污染的猪舍、用具彻底清扫消毒。

对病猪可以试用氟哌酸或盐酸吗啉片等药进行治疗，防止继发感染。

对脱水严重的病猪可以用10%葡萄糖盐水加适量抗菌素进行腹腔补液或口服补液盐水。口服补液盐水配方如下：氯化钠3.5 g、碳酸氢钠2.5 g、氯化钾1.5 g、葡萄糖20 g，加凉开水至1 000 mL。供猪只自饮或灌服，可以较好地纠正体内脱水。

七、猪流行性腹泻

猪流行性腹泻是由猪流行性腹泻病毒引起的一种猪的肠道传染病。以水泻、呕吐和脱水为主要临床症状。

1. 病原

猪流行性腹泻病毒是冠状病毒科的猪流行性腹泻病毒，主要存在肠绒毛上皮和肠系膜淋巴结，随粪便排出，污染了周围环境。病毒对外界抵抗力不强，人工培养很难获得成功，常用碱性消毒药就能很快将病原杀死。

2. 流行特点

所有的猪都易感，6月龄以前的猪常发病率100%，成年猪发病率在15%～80%，多发生在寒冷季节，传播迅速，几天之内就可以使全场的猪只发病，呈地方性流行。仔猪死亡率可达50%。病猪和带毒猪是主要传染源，病毒从粪便排出污染环境而散播传染，感染途径主要是消化道。

3. 临床症状

潜伏期24～48小时，病猪体温升高，精神沉郁，食欲减退，剧烈腹泻，顺着肛门往下流或呈喷射状，排灰黄色或灰色稀水便，粪便 pH 值呈酸性反应。吃料或吃乳后，部分猪发生呕吐，哺乳仔猪病后 2 ～ 3 天因腹泻可造成严重脱水死亡。其他生长发育不同阶段的猪，一般腹泻 3 ～ 5 天逐渐恢复正常，成年猪也有未发生拉稀仅出现呕吐或厌食症状。

4. 病理变化

主要小肠段肠管扩张，膨胀，含有大量黄色液体，肠壁变薄，肠系膜淋巴结水肿。将空肠纵向剪开，用显微镜观察，可见肠绒毛萎缩、短平、甚至脱落。

5. 诊断

本病的流行特点、症状和病理变化与猪传染性胃肠炎是十分相似，但病死率比传染性胃肠炎低，仅根据这点不能将两个病分开。确诊必须做病原学和血清学诊断。常用方法：采集发病后第一天的新鲜粪便，直接应用电镜观察粪中的猪流行性腹泻病毒，也可以应用免疫荧光抗体和酶联免疫吸附试验进行诊断。

6. 防治措施

（1）预防

疫苗免疫：给妊娠母猪进行猪流行性腹泻和猪传染性胃肠炎双价疫苗免疫，从而预防本病发生。还有人报道用免疫血清进行防制，做一次交巢穴注射，小猪 2 ～ 3 mL，中猪 3 ～ 5 mL，大猪 5 ～ 7 mL，试用了 5 000 头猪，效果达到 95% 以上。

加强饲养管理，搞好综合性防治工作，具体方法可参考猪传染性胃肠炎的防治方法。

（2）治疗

目前，尚无有特效疗法，只能对症治疗，并加强护理可以减少死亡。

八、猪轮状病毒感染

猪轮状病毒感染是由猪轮状病毒引起哺乳仔猪和断奶前后仔猪呕吐、腹泻、脱水、体重减轻的急性肠道传染病。

1. 病原

轮状病毒属于呼肠孤病毒科、轮状病毒属。本病毒主要存在病畜的肠道内，以小肠下 2/3 处（空肠、回肠部）最多。本病毒对环境的抵抗力很强，痊愈动物从粪中排毒持续至少 3 周。病毒在粪便中或不含抗体的乳汁中，在 18 ～ 20℃温度下经过半年还具有感染力。

2. 流行特点

本病多发生在 10 月底至翌年 3 月份。寒冷，潮湿，环境卫生条件差，饲料营养不全和机体抵抗力下降时常诱发本病。各种年龄、不同品种的猪都易感，但以幼龄仔猪多发，发病率可达 50% ～ 80%，最高可达 100%。病猪和带毒猪是主要传染源，健康猪吃了被病猪污染的水、料等经消化道感染。

3. 临床症状

潜伏期 12 ～ 24 小时，病猪表现精神沉郁，食欲减退，常卧地不动，有呕吐，发生腹泻，粪便色泽黄白，有时暗黑，水样或稀糊状。持续腹泻的病猪眼窝下陷，极度消瘦，表现脱水症状，尤其是 10 日龄以内仔猪症状严重，10 日龄以后和断奶前后的仔猪发病症状较轻，并且可以康复。

4. 病理变化

主要是消化道、胃有未消化的凝乳块，肠黏膜轻度出血，黏膜脱落，尤其是空肠与回肠段。

5. 诊断

根据发病季节，诱因及主要发生于 2 月龄以前的仔猪，以腹泻、呕吐为主要症状的特点，可以得出初步诊断，但确诊需做实验室诊断。方法有：病原检查，通过电镜检查小肠或肠内容物中，有无特征性形态的病毒粒子，也可以采用免疫荧光方法和琼脂免疫扩散等方法诊断。

6. 防治措施

（1）预防

主要加强饲养管理，猪舍内要保持干净卫生；保暖，防湿，通风良好。定期进行舍内、外环境消毒。药物可选择广谱、高效消毒剂，如氯制剂、碘制剂、氧化剂和碱类、酸类等。另外，还要保证猪只的营养全价饲料，尽量去除诱发本病的不良因素。

（2）治疗

目前，尚未有效的治疗方法，对症治疗可以缓解临床症状，减少继发感染。常用方法有：对脱水严重的病猪可以口服人工补液盐水或腹腔注射葡萄糖加抗菌素。并加强对病猪精心护理，可以促进恢复。

九、狂犬病

狂犬病是以直接接触传染为主的一种人兽共患传染病。猪狂犬病的临床特征是先兴奋，有攻击人（咬人）和咬其他动物或物品行为，后期因麻痹死亡。

1. 病原

属于 RNA 型的弹状病毒科的狂犬病病毒，主要存在于中枢神经组织和唾液腺中，唾液中含毒量最高。

2. 流行特点

有被带狂犬病病毒的犬咬伤史，病毒随唾液进入被咬的猪体内，然后沿着感觉神经纤维由外周进入中枢神经，也可以通过外周血液侵入脑组织，并在此处大量繁殖。患病犬和隐性带毒犬常是人、兽狂犬病的传染源，有时也可以通过外伤，黏膜破损处接触患病犬的唾液而引起传染。本病无季节性，一年四季都可以发生。

3. 临床症状

初期病猪兴奋，追人咬物，四肢运动失调，无意识地咬牙，流涎，肌肉痉挛，尾巴下垂不能摇摆，食欲废绝，叫声嘶哑，反复用鼻掘地面。在发作间歇期间，常钻入垫草中，稍有声响一跃而起，无目的乱跑，最后发生麻痹或因呼吸系统、循环系统衰竭死亡。病程 2 ～ 4 天。

4. 病理变化

尸体无特异性变化，尸体消瘦，有咬伤，裂伤。口腔黏膜充血，胃内空虚或有异物。中枢神经系统、脑、脑膜肿胀、充血、出血。

组织学检查，见有非化脓性脑炎变化（脑血管周围呈典型炎性细胞浸润，形成血管套）。在小脑和延脑的神经细胞的胞浆内出现嗜酸性包涵体，即内基氏小体。

5. 诊断

根据临床症状，流行特点可以作出初步诊断，确诊还需做病理组织学、荧光抗体检查、动物实验等诊断。

6. 防治措施

本病目前尚无有效治疗方法。为了防止猪不患狂犬病。首先养猪小区、猪场内不能养狗，必养时必须给狗定期接种狂犬病疫苗。

被疯狗咬伤的猪，要保定好局部伤口，用生理盐水反复冲洗伤口，尽量多挤掉局部血液，再用生理盐水彻底冲洗干净，然后涂抹5%碘酊或碘伏溶液。最后，还要注射狂犬病疫苗，连注7天，每天一针，可以防止发病。

十、猪伪狂犬病

猪伪狂犬病是由猪疱疹病毒I型引起多种动物共患的一种急性病毒性传染病。在临床上以中枢神经系统障碍为主要特征，常引起皮肤剧烈瘙痒。但患猪此特征不明显。妊娠母猪常发生流产、死胎、产下畸形胎、无毛胎、无脑胎儿。

伪狂犬病是当今危害全球养猪业最严重的猪病之一，给养猪业造成了巨大的经济损失。西方发达国家大多在20世纪90年代相继制定和启动了该病的根除计划，并取得了很好的成效。

1. 病原

猪疱疹病毒I型（猪伪狂犬病毒）主要存在病猪脑、脊髓等组织中；病猪发热期，鼻液、唾液、奶以及其他器官分泌物和实质器官都含有病毒。

2. 流行特点

多种动物易感染，主要宿主是猪，而发病最多是哺乳仔猪，且病死率极高，成年猪多为隐性感染，这些猪长期带毒排毒是本病主要传染源，另外鼠尿中也含有大量病毒可传播此病。

传染途径较多，消化道、呼吸道、损伤的皮肤、生殖道均能感染。仔猪常因吃了患病母猪乳汁而发病，妊娠母猪感染后，病毒能穿透胎盘而使胎儿感染，引起流产、死胎。

本病一般呈地方性流行或散发，无明显季节性，但多发生于6—7月份或秋收后，此时田鼠大量往人群聚居区集中觅食，尤其是畜禽场料房、车间、鼠显著增多，带毒鼠窜入猪舍偷料吃，将病毒传给猪，引起猪发病。

3. 临床症状

哺乳仔猪和离乳猪症状最严重，体温升高、呼吸困难、流涎、呕吐、下痢、食欲不振，精神沉郁，肌肉震颤，步态不稳，四肢运动不协调，常做转圈和前、后运动，有时伴有癫痫发作及昏睡现象，在这些神经症状出现后1～2天内死亡，病死率100%。若发病后一周才出现神经症状，则有恢复希望，但出现永久性眼瞎，发育障碍等。

架子猪常发生便秘，一般临床症状和神经症状较轻，病死率低，病程4～8天。

成年猪呈隐性感染，无明显临床症状，妊娠母猪发生死胎流产，产下干胎（木乃伊胎）、发育不全胎儿，还会产下无毛、无脑畸形胎儿。

4. 病理变化

病死猪脑膜充血，水肿，鼻咽部充血；扁桃体、咽喉部淋巴结有坏死症状，肝、脾有灰白色坏死点。组织学检查，有非化脓性脑膜脑炎及神经节炎变化。

猪伪狂犬病的临床表现及病理变化见图7–57至图7–63。

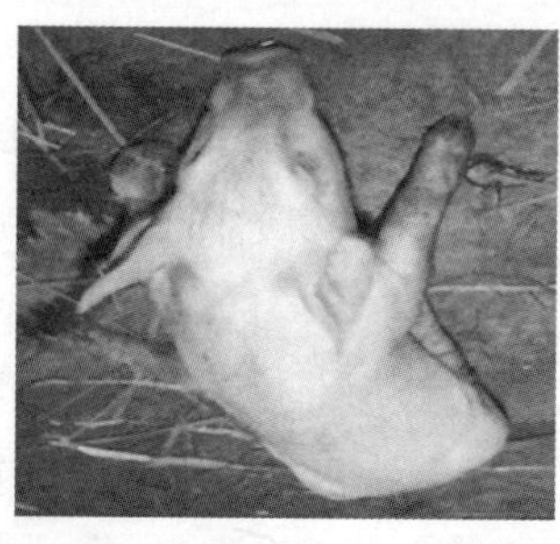

图7–57　猪伪狂犬病：发病仔猪

图7–58　猪伪狂犬病：死亡仔猪

图 7-59　猪伪狂犬病：流产胎儿（1）

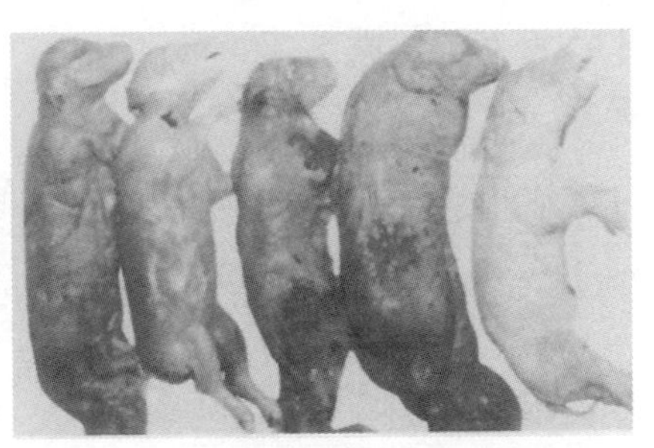

图 7-60　猪伪狂犬病：流产胎儿（2）

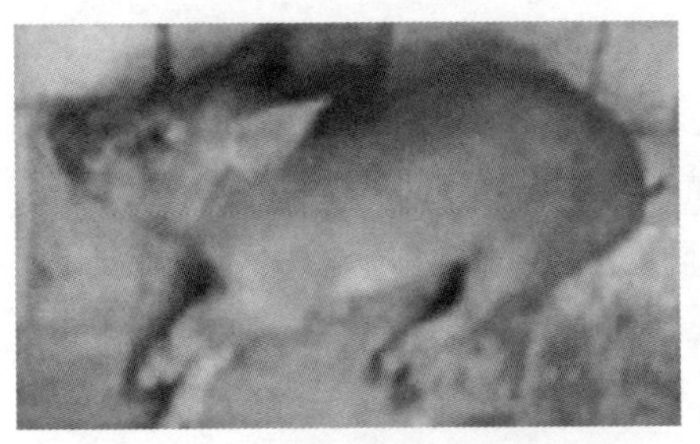

图 7-61　猪伪狂犬病：神经症状

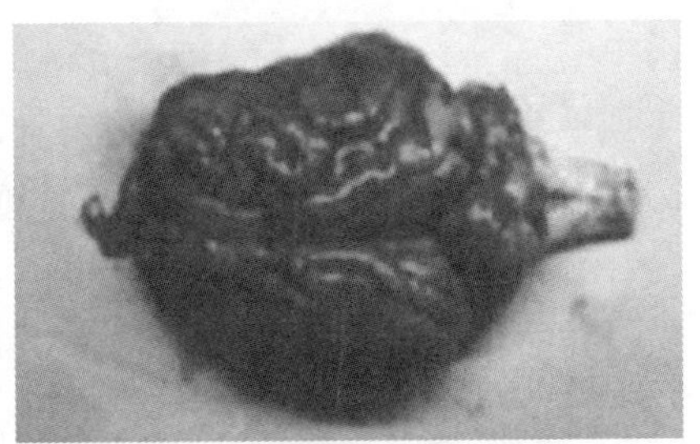

图 7-62　猪伪狂犬病：脑膜出血

图 7-63　猪伪狂犬病：肾上腺与皮质及髓质部可见散发性的坏死点

5. 诊断

根据流行特点和临床症状可得出初步诊断。确诊还需做血清学检查和动物试验。

6. 防治措施

（1）预防

疫苗免疫，有发病史的商品养猪小区、猪场，用基因缺失疫苗进行定期免疫，其免疫程序：种猪每 5 ～ 6 个月免疫注射 1 次，2 mL/ 次；后备母猪、成年母猪配种前一个月和产前一个月接种 1 次，2 mL/ 次；以后按种猪的免疫程序进行免疫。

种猪场要作伪狂犬病根除计划，猪群每半年抽血样作一次血清学鉴别检查，如发现野毒感染猪群应及时淘汰处理。建立无猪伪狂犬病的健康猪群。

猪场要自繁自养，当必要引种时，要严格对猪只进行隔离检疫，猪伪狂犬病血清学检查阴性猪，也需隔离一个月以上方可进场。

养猪小区、猪场要定期灭鼠，防止鼠类传播本病。另外严禁养狗、猫，并防止野生动物侵入。

（2）治疗

本病没有治疗价值。猪场发生可疑病猪，马上送病料进行确诊，一经确定立即扑杀病猪，并做好消毒灭源等措施，防止疫情扩大，将疫情控制在最小的范围内。

十一、猪流行性乙型脑炎

流行性乙型脑炎（简称乙脑）是由日本脑炎病毒（JEV）而引起的急性人畜共患传染病，猪感染后主要是妊娠母猪表现流产，产死胎，公猪表现睾丸肿大，少数病猪表现有神经症状。

1. 病原

乙型脑炎病毒是属于披膜病毒科、黄病毒属的流行性乙型脑炎病毒。本病毒主要存在中枢神经系统，脑脊髓液、血液、脾脏、睾丸和死胎的脑组织里。病毒还能在蚊虫体内繁殖。

2. 传播途径及流行特点

传播途径：患病的人和动物是主要的传染源，猪是最重要的传染给人类的自然宿主（患病的人和动物的血液、脑脊液和脑组织中含有乙脑病毒），吸血昆虫是主要传播媒介。当蚊子吸了乙脑病人或含有乙脑病毒的动物的血，再去叮咬其他动物和人时，就可以传播病毒，造成疫病的发生和流行。

流行特点：本病有明显季节性，常发生在蚊蝇等吸血昆虫活动猖獗季节（长江以南，主要发生于6—9月，以7—8月多发；在东北主要发生于8—9月初，以9月多发）和乙脑流行地区。吸血昆虫是主要传播媒介。尤其是三带喙库蚊，兼吸动物和人的血液，是最重要的传染媒介，它们在吸血的过程中传播病毒。病毒在蚊体内能越冬，成为次年人和动物的传染源。

猪对此病有较大易感性，发病率多在20%～30%，以架子猪多发，死亡率较低，死亡猪常因并发其他病。

3. 临床症状

潜伏期人工接种为3～4天（以猪为例）。常突然发病，病初体温升至40～41℃，持续几天或十几天。病猪沉郁、昏睡、食欲不振、口渴、结膜充血、便秘，个别猪后肢轻度麻痹，发生跛行，也有少数猪会出现神经症状。繁殖猪群，妊娠母猪表现流产，产死胎、畸形胎和木乃伊胎儿。公猪发生睾丸炎、睾丸肿大或萎缩，严重可造成性机能丧失。

4. 病理变化

主要是流产胎儿，表现在脑、脊髓腔内液体增加，脑血管充血，脑、脊髓膜充血。全身皮下水肿，胸、腹腔和心包积液，实质器官有小点出血。繁殖母猪子宫黏膜充血、出血，表面有黏稠的分泌物粘着。公猪睾丸肿大，实质内有充血、出血和坏死症状。

5. 诊断

根据流行病学，临床症状可作出初步诊断。确诊需进行病毒分离、血学清检查和组织学检查。

6. 防治措施

（1）预防

疫苗接种，在蚊蝇到来之前（一般4—5月）接种乙型脑炎疫苗。

在蚊虫孳生的季节做好灭蚊工作，切断传播途径。药物可选择2.5%溴氰菊酯或氯氰菊酯，百倍稀释，用喷雾方法喷雾舍室；对孳生地、沟渠、粪池也可以用其他灭蚊剂。

（2）治疗

发病后马上隔离病猪，做好护理，目前，还没有特效疗法，只能对症治疗。有条件可以试用中草药：黄芩18 g，生地、连翘、紫草各30 g，生石膏、板蓝根各120 g，大青叶60 g，水煎后一次灌服，小猪分两次喂服。

十二、先天性震颤病

先天性震颤病是由先天性震颤病毒引起仔猪刚出生后不久，出现全身肌肉或局部肌肉阵发性挛缩的一种疾病。

1. 病原

先天性震颤病毒，病毒颗粒为立体对称。将先天性震颤病毒培养物接种于妊娠母猪，可使新生仔猪发病。

2. 流行特点

本病仅见于新生仔猪，受感染的妊娠母猪在临床上未见任何症状，但病毒可通过胎盘传给仔猪。成年猪多为隐性感染，公猪可以通过交配将病毒传给母猪。母猪若生过一窝发病仔猪，则以后出生几窝猪都不发病或症状轻微。本病任何品种的猪只都有易感性。

3. 临床症状

有先天性震颤病毒存在的养猪小区、猪场，在产仔集中的季节，有时几乎每窝都发病，仔猪生下不久，全身肌肉或局部肌肉震颤，小猪站立不稳，无法吃奶，常因饥饿死亡。较轻病例震颤发生在耳和尾部，不影响吃奶和行走，一周以内不发生死亡的可以逐渐恢复。成年猪发病无肉眼可见的典型症状。

4. 病理变化

剖检未见特征性病变。组织学检查：神经系统、脑血管周围间隙特别是脑基部充血，出血明显，小脑发育不全，小动脉轻度炎症和变性，小脑硬膜纵沟窦状水肿、增厚和出血等。

5. 诊断

根据临床症状可以得出初步诊断，但确诊必须借助实验室诊断，或用可疑病料接种试验动物进行复制本病。

6. 防治措施

目前，尚无特效治疗方法，只有对发病仔猪隔离护理。室内要保暖干燥，人工固定乳头，让仔猪吃上初乳，使大多数仔猪耐过痊愈，减少死亡。

发病养猪小区、猪场要定期清扫消毒，不从有先天性震颤种养猪小区、猪场购入种猪。

十三、猪圆环病毒病

猪圆环病毒是近几年新发现的严重危害仔猪健康一种慢性、进行性、高致死性的传染病。主要侵害于 5 ～ 16 周龄的仔猪，发病率 3% ～ 50%。11 ～ 13 周龄受害最严重，从断乳到屠宰致死率达 11%。

1. 病原

PCV 属于圆环病毒科圆环病毒属，无囊膜，基因组为单链 DNA。根据猪 PCV 的致病性以及基因组差异又可将其分为无致病性（或 PK15 源性）的猪圆环病毒 I 型（PCV-1）和有致病性（PMWS 源性）的猪圆环病毒Ⅱ型（PCV-2）。

2. 流行特点

猪对 PCV 具有较强的易感性，可经口腔、呼吸道途径感染。少数怀孕母猪感染 PCV 后，在妊娠早期（胎儿产生免疫能力前）可通过胎盘感染胎儿，导致胎儿持续感染和病毒及抗原的不同分布。用 PCV 经口感染试验猪后，其他未接种猪的同群感染率达 100%。感染猪可从鼻液、粪便中排出病毒。污染饲料、水和周围的环境，这些条件就可能造成病毒在猪群中的蔓延和扩散。

PCV-2 可以侵害感染猪只的免疫体系，尤其是对感染组织中淋巴细胞的侵害最为严重，直接引发细胞病变。病毒繁殖导致免疫体系功能亢进，进而造成功能衰竭。病毒或病毒特定基因产物导致免疫抑制，免疫体系对非感染细胞表现非特异性清除。

目前，我国猪场感染圆环病毒病十分普遍，用 ELISA 方法和 PCR 方法在河北、天津、北京、河南、江西、湖北、广东等省市猪场均检测了 PCV2 抗体和 PCV2 病毒，阳性率 21.4% ～ 33.3%不等。

3. 临床症状

圆环病毒病的临床症状并不典型，以多系统进行性功能衰竭为特征。表现精神不振，食欲不佳，发热（体温可达 41℃），被毛粗乱，生长发育不良，进行性消瘦，贫血，皮肤苍白，肌肉衰弱无力，还表现出咳嗽、喷嚏、呼吸困难等呼吸系统症状。体表淋巴结，特别是腹股沟淋巴结肿大，部分病例可见皮肤、可视黏膜黄疸、下痢及嗜睡，随着并发或继发其他细菌或病毒感染，也会有其他相应的症状出现，最后衰竭死亡。

4. 病理变化

最显著的病变是全身淋巴结，特别是腹股沟淋巴结、肠系膜淋巴结、气管、支气管炎淋巴结及下颌淋巴结肿大到 2 ～ 5 倍，有时可达 10 倍。切面硬度增大，颜色均匀苍白。如果发生细菌感染，使病变复杂化，淋巴结可见炎症和化脓病变，肺肿胀，有散在大而隆起橡皮状硬块和黄褐色斑散布于肺表面。严重的病例可见肺泡出血，以及尖叶和心叶萎缩或固质化。脾中度肿大，呈肉变。肝脏无明显异常或稍肿大。肾脏水肿，苍白，被膜下有白色坏死灶，盲肠和结肠黏膜可见充血或瘀血。

5. 诊断

本病的临床症状和病理变化的特征性表现具有一定的诊断价值。但猪圆环病毒易与其他病毒或细菌混合感染，确诊本病需实验室辅助诊断。

6. 防治措施

（1）预防

本病还没有疫苗可供应用。

抗生素对患猪无效。但抗生素的使用和良好的饲养管理有助于控制并发、继发感染。目前采取的主要对策是：

加强饲养管理，降低饲养密度。

实行严格的全进全出制。

减少环境应激因素，如温度变化、贼风和有害气体。实施严格的生物安全措施，防止本病和其他感染因子的混合感染。

早期发现疑似猪进行检查，及时淘汰病猪。

避免从疫区引进猪只，严格控制来访者以及车辆和货物进入猪场。

（2）治疗

本病没有特效的治疗方法，对症治疗可以缓解临床症状防止激发感染。

第二节 猪的细菌性传染病

一、猪丹毒

1. 病原

猪丹毒是由猪丹毒杆菌引起猪的一种传染病。主要发生于 3 ～ 12 月龄架子猪，人也可以感染。猪丹毒的病原体是极纤细的小杆菌，革兰氏染色呈阳性菌，丹毒杆菌分许多血清型，各型之间毒力差别很大。

本菌的抵抗力很强，在盐腌或熏制的肉内能存活 3 ～ 4 个月，在掩埋的尸体内能活 7 个月，在土壤内能存活 35 天。但对消毒药抵抗力不强，

2% 甲醛、3% 来苏尔、1% ～ 2% 火碱，1% 漂白粉或 10% 石灰乳均可很快被杀死。青霉素对此菌有高度抑制作用。

2. 流行特点

不同年龄猪均有易感性，但以 3 个月以上育成猪发病率很高。病猪及带菌猪是主要传染源，病菌随粪、尿、唾液和鼻分泌物排出体外，污染环境、饲料，饮水经消化道或损伤的皮肤而感染健康猪。猪丹毒的流行无明显季节性，常发在夏、秋季节，冬、春寒冷季节较少发病，呈地方性流行或散发。

3. 临床症状

潜伏期 3 ～ 5 天。

急性型：表现高烧（42.1 ～ 43℃），结膜充血，皮肤发红或出现红斑块，指压退色。

亚急性型（疹块型）：是在胸、腹、脊背和四肢等处出现界限明显的红色疹块。疹块形状大小不等、长形、方形、菱形或圆形，初期充血，淡红色指压退色，后期由充血变为郁血、出血、紫红色指压不退色。体温正常。亚急性型猪丹毒脊背出现界限明显的红色疹块，见图 7–64。

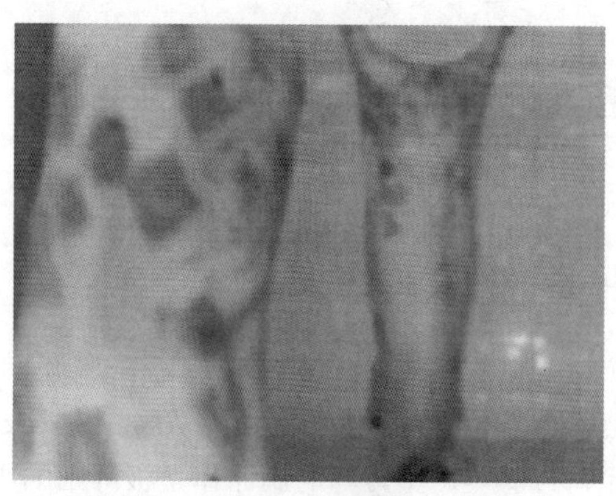

图 7–64　猪丹毒：皮肤上呈打火印状

慢性型：由前两型发展而来，常见有浆液性纤维素性关节炎、疣状心内膜炎和皮肤坏死。皮肤坏死病例多见于疹块型转为慢性型，疹块部分或整个颈、背部、耳、尾部皮肤坏死，如皮革样。而浆液性、纤维素性关节炎和疣状心内膜炎，可以在同一个病例上同时存在。病猪呼吸困难；关节部位肿胀、疼痛、僵硬，跛行；逐渐消瘦、衰弱，发育不良。

4. 病理变化

急性型：皮肤紫红；全身淋巴结肿大、充血，切面多汁；脾肿大，呈樱桃红色，质地软；脾髓刮脱量大呈泥状，红、白髓界线不清。胃底充血，呈大红布色；小肠黏膜充血；肾肿大，紫红色并散有云雾状斑；心包积液有纤维素性渗出；肺充血，水肿。

亚急性型：主要皮肤疹块，内脏变化不明显。

慢性型：特征性变化是增生性心瓣膜炎（菜花心）。关节炎，关节部位肿胀，积液有纤维素渗出，滑膜呈绒毛样增生。

5. 诊断

根据典型症状和特异性病变可做出初步诊断。确诊可做细菌学检查或取可疑病料接种敏感动物（鸽子）做动物试验进行诊断。

6. 防治措施

（1）预防

菌苗免疫，种猪群每年两次接种猪丹毒菌苗，育肥猪在 60 日龄时接种一次猪丹毒菌苗。

加强饲养管理，饲料营养全面，猪舍内外环境干净卫生。有严格消毒制度，饲槽、水槽每天刷洗，定期用消毒药进行消毒。猪群用 0.1% 次氯酸钠每两周进行消毒一次。

（2）治疗

发现病猪后立即隔离治疗，死猪烧毁或深埋，同群假定健康猪用青霉素进行预防。病猪使用青霉素进行治疗，每千克体重按 2 万～ 4 万 IU，每天肌注两次，直到体温正常后 24 小时。

另外也可选用四环素或土霉素每日每千克体重 7 ～ 15 mg 肌肉注射。并且要加强护理，给予清洁饮水和易消化的饲料。

二、猪肺疫

猪肺疫由猪多杀性巴氏杆菌引起一种急性传染病。临床上常以败血症和咽喉部及其周围组织急性炎性肿胀为特征。

1. 病原

猪多杀性巴氏杆菌为短小杆菌，革兰氏染色为阴性菌，两极着色明显。本菌对外界抵抗力不强，干燥后 3 天左右死亡，在血液粪便中生存 10 天，在日光和高温下立即死亡。常用消毒药 1% 火碱、1% 石炭酸、1% 漂白粉、5% 石灰乳就能杀死病原菌。

2. 流行特点

大小猪均有易感性，以育成猪发病率高，病猪和带毒猪是主要传染源。我国南方可见地方性流行，以 5 ～ 9 月份发病最多。目前，北京地区只有零星散发，未见急性流行。

猪多杀性巴氏杆菌是常在菌，健康猪的鼻、咽部常有少量菌寄生，一般不会引起发病。当机体抵抗力下降和环境不良时，如猪舍潮湿、猪群密度高、室内闷热和通风不良、气候突变、饲养管理差或有其他传染病流行过程均可诱发本病。

3. 临床症状

最急性型：常发生在流行初期，病猪于头天晚上吃喝正常，无任何病的迹象，次日早晨死在圈内。症状明显的可见体温升高 41℃以上，颈部肿胀，局部热痛，呼吸困难犬坐式，叫声嘶哑，口鼻流出白色泡沫，黏膜和皮肤发绀（蓝紫色），最后因窒息死亡，病程 1 ～ 2 天。

急性型：有纤维素性胸膜肺炎症状，病初体温升高 41℃，有干性咳嗽，有鼻汁和脓性眼屎，后期皮肤出现淤血斑，病程 5 天。

慢性型：流行后期病猪表现慢性肺炎和慢性胃肠炎症状，有时也可以发生关节炎，关节肿胀，病程 2 周左右，因衰弱死亡。

4. 病理变化

最急性型病例：全身浆、黏膜和皮下组织有大量出血点，咽喉部及周围结缔组织的出血性、浆液性浸润为特征性变化。全身淋巴结肿胀，肺急性水肿，脾脏有出血，肾黏膜出血。

急性型病例：除全身浆、黏膜和实质器官有出血病变外，主要是胸膜肺炎症状，肺脏有肝变区，在肝变区中央有干酪样坏死灶。肺小叶间质增宽，充满胶冻样液体，胸腔积液有纤维素渗出，胸膜附有黄白色纤维素，后期发生胸膜粘连，不宜剥开。

慢性型病例：消瘦，肺脏一部分发生肉变，并有大块坏死灶或化脓灶，有的坏死灶周围被结缔组织包裹，胸膜粘连。

5. 诊断

根据临床特征及死后剖检，颈部高热红肿，呼吸困难，口鼻流泡沫，病程短，死亡快，死后皮肤有出血点，全身淋巴结出血，并结合细菌学检查，采集病变部肺、肝、脾及胸腔液制成涂片，用碱性美兰染色后镜检，如果从各种病料涂片中均见有两级浓染的长椭圆形小杆菌时即可确诊。有条件还可以做动物试验，将病料研磨做 1：10 生理盐水悬浮液或取 24 小时肉汤培养物接种小白鼠，腹腔注射 0.2 mL，于接种后 24 小时之内死亡后，取心血、肝、脾涂片，染色镜检，可见典型菌体。

6. 防治措施

（1）预防

菌苗免疫，种猪群春、秋各免疫一次。育肥猪 60 日龄免疫 1 次（免疫时注射用具和注射部位一定要严格消毒，防止因不洁注射引起局部脓肿）。

加强饲养管理，喂给全价饲料，为猪只创造良好的生活环境，增加猪体抗病能力去除不良的诱因，尤其在气候突变的情况下，要有有效的补救措施。例如：冬季猪舍要保暖、防潮、防贼风，夏天要防暑、降温，通风换气等。

猪舍内每天要清扫，定期进行消毒。

（2）治疗

发现病猪马上隔离治疗，对原污染的猪舍彻底清扫消毒。治疗用药常选用抗生素和磺胺类药物注射或拌料。例如，庆大霉素、四环素、氨苄青霉素、青霉素、红霉素、10% 磺胺嘧啶、麻黄素碱、氟哌酸等均能取得较好的治疗效果。但应该注意猪巴氏杆菌可以产生抗药性，用药前有条件最好先做药敏试验，根据药敏结果选择用药（各种药物剂量参照用药说明书）。

三、猪炭疽病

炭疽是由炭疽杆菌引起的人畜共患的急性、热性、败血性传染病。猪炭疽多为咽喉型，临床上病猪咽喉肿胀，呼吸困难。

1. 病原

炭疽杆菌不能运动，革兰氏阳性菌。病畜体内菌体不形成芽孢，在体外能形成芽孢，芽孢具有很强抵抗力。在土壤中能存活数十年，在皮毛和水中能存活 4 ～ 5 年。用干热 150℃消毒，60 分钟才被杀死，用湿热消毒 90℃需 15 ～ 45 分钟，95℃需 10 ～ 25℃分钟，100℃需 5 ～ 10 分钟可将炭疽芽孢杀死。常用消毒药 5% 来苏水、20% 漂白粉、10% 热碱水、4% 碘酊、0.1% 升汞均可杀死病原菌。

2. 流行特点

各种家畜及人均有不同程度的易感性，猪易感性较低。本病传播途径以消化道感染为主，其次可通过皮肤和呼吸道感染。本病具有一定的季节性，以夏季多发，秋、冬发病较少。

3. 临床症状

典型症状为咽喉型炭疽，咽喉部及其邻近淋巴组织显著肿胀，体温升高，精神沉郁，食欲减退，严重时，黏膜发绀，呼吸困难，最后窒息死亡。转为慢性时，呈出血性、坏死性淋巴结炎变化。肠型炭疽，病猪发生便秘及腹泻，甚至粪中带血，重者死亡，轻者可以恢复。败血型炭疽极为少见。

4. 病理变化

炭疽病猪、血液和各脏器组织内含有大量炭疽杆菌，暴露在空气中则形成芽孢，抵抗力很强不易彻底消灭，为此，在一般情况下，对病畜禁止剖检。必要进行剖检时，在专门剖检室内进行。并做好现场消毒、人员防护工作。

炭疽病猪血液凝固不良，天然孔出血，血液呈煤焦油样，脾脏高度肿大、切面外翻。咽部淋巴结肿胀、出血、坏死，切面发硬、脆。病变肠管暗红色，肠内黏膜有坏死和溃疡。

5. 诊断

当怀疑病猪患有炭疽时，首先要做细菌学和血清学检查。从病猪耳尖采血涂片染色检查，若发现具有夹膜的单个或短链的两端平截竹节状大杆菌，即可初步确诊，有条件还可以做细菌分离培养检查或者做炭疽沉淀反应和免疫荧光试验。

6. 防治措施

（1）预防

在炭疽常发地区，应保持养猪小区、猪场内干燥，场内不积污水，平时加强对猪炭疽病的屠宰检疫。发病后要封锁疫点，病死猪和污染物一律火烧。被污染地面用 20% 漂白粉或 4% 碘液消毒，饮用具用 10% 热火碱水洗。养猪小区、猪场内假定健康猪和周围受威胁猪群一律注射Ⅱ号炭疽杆菌芽孢苗，每头猪皮下注射 1 mL，最后截止到发病场最后 1 头猪死亡或治愈后一个月，未发现新的病猪，经再一次彻底消毒后方可以解除封锁，以后每年定期注射菌苗。

（2）治疗

原则上不治疗。一经发现病猪按照《中华人民共和国动物防疫法》的相关规定做无害化处理，防止疫情扩散。

四、仔猪副伤寒

仔猪副伤寒是由沙门氏杆菌引起仔猪的一种传染病。临床特征：急性为败血性病，慢性为坏死性肠炎，严重下痢。

1. 病原

主要是猪霍乱沙门氏杆菌和猪副伤寒沙门氏杆菌，革兰氏阴性菌。

猪副伤寒杆菌对外界抵抗力较强，在水、土壤中能生存 4 个月，在干燥状态下，可生存5个月，不耐热，60℃需20分钟即可以杀死，常用消毒药有3%来苏水、0.1%升汞、3%石炭酸，15～20分钟可以杀死病原菌。

2. 流行特点

本病多发生于断奶前后的仔猪（1～4月龄）。一年四季都可以发生，以春季和潮湿多雨季节多发。目前，适度规模化养猪场，此阶段育成猪都采取室内高床饲养，由于环境改善，本病发生率下降，但是饲养管理差和接触地面养猪的专业户饲养的猪，本病仍时常有发生。病猪和带菌猪是主要传染源，健康猪经消化道感染。在正常情况下，有些健康猪也带有少量病菌，当不良因素引起抵抗力降低时，细菌便乘机大量繁殖，毒力增加致病。本病主要呈散发，但也发生地方性流行。

3. 临床症状

急性型：发烧41℃左右，全身末梢部位发绀（兰紫色），不吃，拉稀，病程2～4天，死亡率高。

慢性型：消瘦，毛粗乱，下痢，粪便呈粥状，灰绿，黑褐色，恶臭，病程半个月，不死则变成僵猪。

4. 病理变化

急性败血型全身淋巴结肿大呈弥漫性出血，实质器官脾脏肿大，紫红色，散在小坏死灶，肝脏淤血，有灰黄色点状坏死，心外膜、肾、膀胱黏膜有出血斑点。

慢性型特征性病变在盲肠、结肠、回盲瓣附近，最初孤立滤泡或集合淋巴肿胀，坏死形成灰黄色或淡绿色的圆形痂皮，痂皮脱落形成溃疡。以后融合成弥漫性黏膜坏死，大量纤维素渗出形成伪膜如麸皮样失去弹性，肠系膜淋巴结肿大；肝脏、胆囊黏膜有小点坏死，脾肿大，肺有肺炎症状。

5. 诊断

根据发病日龄，临床症状，及剖检变化可以得出初步诊断，但确诊需做细菌检查，生化试验或血清学检查。

6. 防治措施

（1）预防

常发病地区的养猪场要采取综合性防制措施，搞好场内外环境卫生，定期消毒，加强饲养管理，增强猪体抗病能力。1月龄以上仔猪口服副伤寒菌苗。药物预防可在饲料当中添加抗菌素，例如：土霉素、金霉素、氟哌酸等（使用剂量严格按照药物的使用说明书）。

（2）治疗

在改善饲养管理基础上进行隔离治疗，治疗时要掌握药物使用剂量与疗程。首选药可以根据药敏试验结果。一般常用药如氟哌酸、乳酸诺氟沙星、新霉素、土霉素、金霉素等均有较好的效果。

五、猪大肠杆菌病

猪大肠杆菌病是由肠杆菌科，埃希氏菌属致病的大肠杆菌引起的传染病。因致病性大肠杆菌的血清型不同和猪的生长期易感性不同，其临床表现也有所不同。一般根据发病日龄和临床症状，将猪大肠杆菌病分为仔猪黄痢、仔猪白痢和猪水肿病 3 种。

（一）仔猪黄痢

仔猪黄痢又称新生仔猪大肠杆菌病，是新生仔猪的一种急性肠道传染病，病程短、致死率高，以腹泻、排黄色液状粪便为特征。

1. 病原

该病原主要是能产生两种与内毒素性质不同的肠毒素，刺激肠壁蠕动引起仔猪剧烈腹泻。

2. 流行特点

本病主要在生后数小时至一周以内发病，以 1 ～ 3 日龄最为多见，一周以上的仔猪很少发病。一年四季都可以发生，但在寒冷，潮湿或高热、高湿、脏、通风不良以及产仔集中的季节多发。发病率和死亡率高达 90% 以上，发病日龄越小，死亡率越高。

3. 临床症状

于生后 12 小时，突然有 1 ～ 2 头表现全身衰弱，很快死亡。以后其他仔猪发病，腹泻，粪便呈黄色稀稠状，顺着肛门流下，其肛门周围大多不留粪迹，但用手触摸有潮湿的感觉。下痢严重时，小母猪阴户尖端可出现红色（图 7–65），后肢被粪便污染呈浅黄色。病程稍长仔猪精神高度沉郁，不吃奶、脱水，眼球下陷，昏迷而死（图 7–66）。

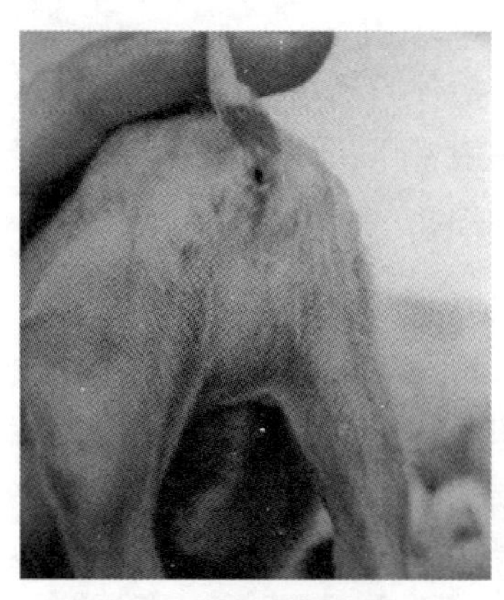

图 7–65　猪大肠杆菌病：仔猪拉稀、肛门及尾根部发红

图 7–66　猪大肠杆菌病（黄痢）：仔猪消瘦、脱水、眼窝下陷死亡

4. 病理变化

主要是小肠急性卡他性炎症，表现为肠黏膜肿胀、充血或出血，肠壁变薄、松弛。胃黏膜有红肿，胃内容物有白色凝乳团。肠系膜淋巴结充血肿大，切面多汁。心、肝、肾有变性，严重者有出血点，尤其是肾脏表面有针尖大小，锋芒状出血点。

5. 诊断

根据发病日龄、拉黄色稀粪，以及病理变化，可以作出初步诊断，但确诊需要做实验室诊断。

6. 防治措施

（1）预防

做好主动免疫工作，妊娠母猪产前 40 天，产前 14 天，分别于耳后肌肉注射，仔猪大肠杆菌性腹泻三价苗，每次 5 mL。新生仔猪通过吮吸初乳而获得被动免疫。

养猪小区、猪场要自繁自养不外引进病猪，必要引种时要进行隔离检疫。

养猪小区、猪场要定期搞好消毒，尤其是产仔房、产床、地面要彻底清扫消毒。临产母猪进产房前也要彻底清洗猪体表面的污垢，尤其是胸腹下的乳房部位及臀部、会阴部，然后再用0.1%高锰酸钾水洗擦消毒。另外在母猪临产前或接产同时先人工挤掉少许的初乳。

加强妊娠母猪饲养管理，产前，产后的饲料营养一定要全面、稳定。

母猪产前 3 ～ 5 天或产后 2 天喂土霉素，每头每次 15 g，日服 2 次。仔猪每千克体重喂 0.2 g，日服 2 次，有一定的预防作用。

做好仔猪卫生保健工作，3 天补铁，7 天补硒和各种疫苗免疫接种，提高仔猪抗病能力，减少大肠杆菌病的发生。

加强产仔房内环境治理，冬天要保暖防寒，夏天防暑降温，并长年保持猪舍内空气新鲜、温度保持在 22℃左右；护仔箱内温度保持在 30℃左右（仔猪生下一周以内）。从而减少因环境应激造成仔猪黄痢病的发生。

（2）治疗

当发现仔猪开始发病，应全窝仔猪都进行投药。有条件的养猪场用药前可以分离病原菌，做药敏试验，根据药敏试验结果选择抑菌作用显著（敏感）的药物进行治疗。一般常用药物有：链霉素、金霉素、土霉素、庆大霉素、卡那霉素、新霉素、多粘菌素、吡哌酸、氟哌酸、乳酸诺氟沙星、增效磺胺（三甲氧苄氧嘧啶 + 磺胺）等药物。

生物制剂调痢生（8501 活菌制剂）治疗仔猪黄、白痢病也有一定效果，按 100 mL/kg 体重剂量口服，每天 1 次，连服 2 天。但应注意在投喂生物制剂的同时要严禁服用其他抗生素。

（二）仔猪白痢

仔猪白痢是 7 ～ 30 日龄仔猪常发的一种疾病，以排泄乳白色或灰白色的浆状、糊状腥臭粪便为特征。

1. 病原

有一部分病原与仔猪黄痢和猪水肿病相同，以 O8、K88 较为多见。

2. 流行特点

一般发生于 7 ～ 30 日龄的仔猪，以 10 ～ 20 日龄最多，1 月龄以上仔猪很少发病。每窝发病头数多至 70%，少至 30% ～ 40%；病程一般 10 天左右。本病多发生在阴冷潮湿，忽冷忽热（温差大）、通风不良、卫生条件差，饲料营养不全价，缺乏维生素、矿物质或因配合不当及突然改变，母猪乳汁太浓等情况。

3. 临床症状

病猪突然发生腹泻，排浆状、糊状、灰白色或黄白色粪便，具有腥臭。病猪食欲不振、行动缓慢，被毛发白、发焦，体表不洁，生长滞缓，病程一周左右，死亡率低。

4. 病理变化

尸体脱水，小肠壁薄，肠内有灰白色糊状粪便，肠黏膜有卡他性炎症变化，肠系膜淋巴结轻度肿胀。

5. 诊断

根据流行情况、临床症状及尸体变化，可以作出初步诊断。但确诊需要做实验室检查，分离出病原菌进行血清型鉴定。

6. 防治措施

防治措施参照仔猪黄痢病。在治疗上，除用些常见抗菌素外，还需用些收敛、止泻、助消化药。例如，矽炭银、活性炭、尤胆、鞣酸蛋白、稀盐酸和维生素 B、维生素 C 等药物，有利于病的恢复。

（三）猪水肿病

猪水肿病是由致病性溶血性大肠杆菌产生毒素引起猪的一种急性、高度致死性传染病。以突然发病，头部水肿、共济失调及剖检时胃壁和肠系膜水肿为特征。

1. 病原

由溶血性大肠杆菌引起，多数菌株有产生毒素的能力，并能溶解绵羊红血球，在鲜血琼脂培养基表面呈 B 型溶血。

2. 流行特点

本病主要发生在断奶仔猪，生长快、健壮的仔猪常见。环境气候剧变可诱发本病。以春、秋两季多发，地方性流行，常局限某地区、某场，发病率 10% ～ 30%。带菌母猪和感染仔猪是主要传染源，通过消化道感染。

3. 临床症状

突然发病，精神沉郁，食欲减少，或口吐白沫，病猪静卧一隅，肌肉阵颤、抽搐、四肢划动呈游泳状，空嚼磨牙，触摸敏感，发出呻吟或嘶哑叫声，后期反应迟钝，呼吸困难，腹泻或便秘，病猪常见眼睑或颈部水肿，病猪一般 3 天以内死亡，病死亡率高达 80% ～ 100%。

4. 病理变化

主要是病猪的上下眼睑、颜面、下颌部或头顶部皮下水肿，切开水肿部呈灰白色胶冻样浸润，并有少量水肿流出。水肿厚度可达 0.5 ～ 1 cm，以胃壁及肠系膜水肿最为典型。全身淋巴结肿大，尤其是肠系膜淋巴结肿大，并有少量充、出血。实质器官、肺水肿，心包及胸、腹腔积液，脑膜充血，大脑间有水肿或有少量出血点。

猪水肿病临床症状、病理变化见图 7–67 至图 7–69。

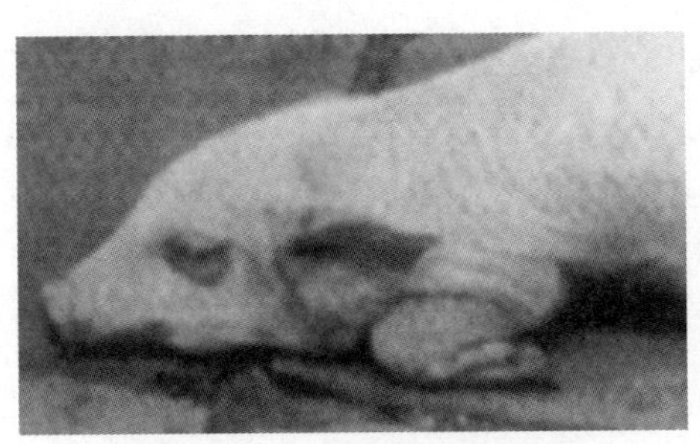

图 7–67　猪大肠杆菌病（猪水肿病）：仔猪眼睑等部位水肿

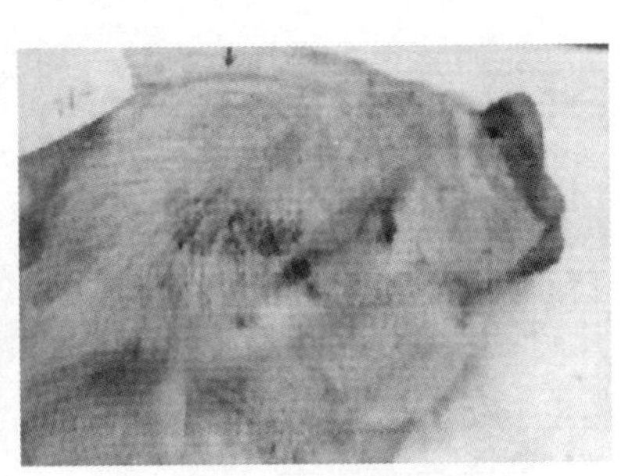

图 7–68　猪大肠杆菌病（猪水肿病）：仔猪脑门水肿

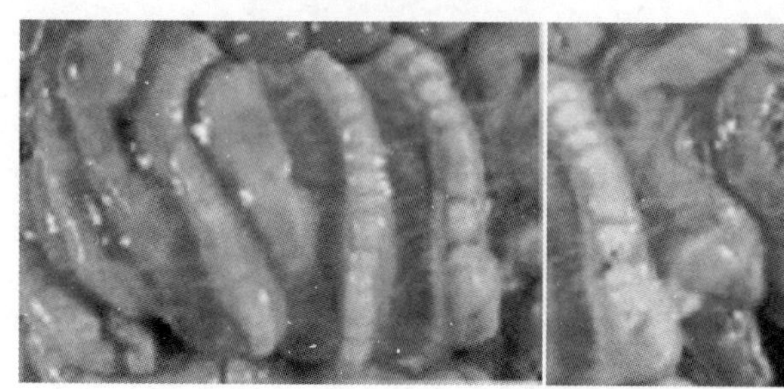
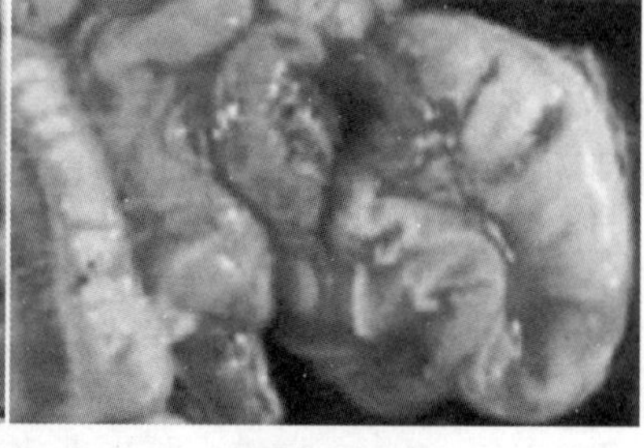

图 7–69　猪大肠杆菌病（猪水肿病）：猪肠系膜水肿

5. 诊断

根据临床症状、病理剖检可以做出初步诊断，确诊可以从肠内容物和肠系膜淋巴结分离溶血性大肠杆菌，并鉴定其血清型。必要时也可以进行动物试验。

6. 防治措施

（1）预防

主要靠加强断奶前后的仔猪饲养管理工作。要保证稳定及营养全价饲料，搞好环境治理，温度要保持相对恒定，通风良好、卫生条件好、水槽、料槽勤刷、勤消毒、粪、尿及时清除，以减少一切不良应激刺激，防止本病发生。另外，也可以采用药物预防，在饲料当中添加抗菌素或乳酸制剂。例如，新霉素、土霉素、金霉素、乳酸诺氟沙星等（使用剂量可参照药物说明书）。

（2）治疗

对病猪无可靠治疗方法，对症治疗可以缓解症状，防止继发感染。

六、仔猪红痢病

仔猪红痢病亦称猪梭菌性肠炎，是由 C 型魏氏梭菌引起的急性传染病。临床特征多发生在 1 ～ 3 日龄乳猪，排红色粪便，肠黏膜坏死，病程短，死亡率高。

1. 病原

C 型魏氏梭菌，是一种产气荚膜杆菌，能形成芽孢，还能产生外毒素。

革兰氏染色阳性。本菌为厌氧菌，但不像其他专性厌氧细菌那样严格。

一般消毒药物均可杀灭菌体，但芽孢抵抗力很强，在65℃需2.5小时方可杀死。本菌广泛存在人畜肠道内以及土壤、下水道、尘埃、褥草当中。

2. 流行特点

本病发生在产仔季节，任何品种猪都易感，以1～3日龄仔猪发病最多，3天以上的猪都很少发生。发病率最高能达100%，病死率在30%左右。

3. 临床症状

本病潜伏期很短，生下几小时或10小时就可以发病。病猪精神沉郁，不会吃奶，走路摇晃，拉红色黏液性粪便，很快死亡。有的还未见掉水膘就死了。病程一般不超过3天。病初有体温上升40～40.5℃，死前全身震颤，抽搐倒地死亡。

4. 病理变化

尸体被毛干燥无光，膘情无明显减退，肛门被红色或红黑色粪便污染，打开腹腔有樱桃红色积液，空肠段，内、外肠壁都呈深红色，肠内容物是暗红色液体，肠黏膜与黏膜下层有广泛的出血，肠系膜淋巴结出血。病程稍长，以坏死性炎症为主，肠黏膜上附有灰黄色坏死性假膜，易剥离。肠浆膜面有小米粒大小的气泡。实质器官也有小点出血现象。

5. 诊断

根据发病日龄（1～3天），拉红色稀便，发病急，病程短，死亡率高，病变部位、空肠内容物暗红色液体，浆膜下有大小不等小气泡等，可以得出初步诊断。确诊需做菌体检查和细菌分离培养或将病料接种实验动物做动物试验等。

6. 防治措施

（1）预防

加强环境卫生消毒工作。对妊娠临产母猪体表和产床做彻底消毒。有本病发生史的养猪小区、猪场或地区，可以用菌苗免疫接种。方法：妊娠母猪于产前一个月和半个月分别接种注射仔猪红痢疫苗，剂量每次

5～10 mL，仔猪通过初乳获得被动免疫。另外，仔猪在吃初乳前口服6万 IU 青霉素也有一定预防作用。

（2）治疗

对早期发病拉血便的仔猪，用青霉素、链霉素治疗有一定效果。

七、猪传染性萎缩性鼻炎

猪传染性萎缩性鼻炎是猪的一种慢性接触性广泛流行的传染病。其特征性的病变为鼻甲骨萎缩，严重时脸部变形，鼻腔出血。

1. 病原

支气管败血波氏杆菌和产毒素多杀巴氏杆菌是原发性的或主要的感染因子。

革兰氏染色阳性菌。本菌抵抗力差，一般消毒药均可以杀死。革兰氏染色阴性菌。本菌对物理和化学因素抵抗力较低，在自然干燥情况下，培养基上菌体很快死亡。

2. 流行特点

各种年龄猪都易感，以育成猪、小育肥猪发病最多，病猪和带菌猪是主要传染源，通过飞沫经呼吸道传染，本病多由带菌的种猪传给仔猪，被病猪污染的环境、用具、饮水、饲料以及管理人员在短时期内也可以造成传染。饲养管理不好，营养缺乏，高密度，猪舍通风不良，猪只抵抗力下降，卫生条件差时，也易诱发本病。

3. 临床症状

病初类似感冒，病猪呈连续或间断打喷嚏，有鼻炎症状，从鼻孔流出分泌物，初为透明，清亮，以后呈黏液性或脓性。有时鼻内发干血管脆性增强，易造成鼻内毛细血管破裂，引起鼻出血，病猪常常把地面或墙壁污染，染成红色。病猪呼吸有鼾声，用前肢抓鼻部或鼻端拱地，在墙壁、食槽边缘擦鼻部，病情严重几周后，就出现鼻甲骨萎缩，鼻腔变窄，鼻子缩短，上翘或上颌长，下颌短，当一侧鼻腔严重时，可出现歪鼻子。

4. 病理变化

鼻甲骨萎缩，上、下卷，鼻中膈变形、弯曲，严重时，鼻甲骨腔隙增大，形成空洞，上、下鼻道界限消失。

猪传染性萎缩性鼻炎的临床症状及病理变化见图 7–70 至图 7–72。

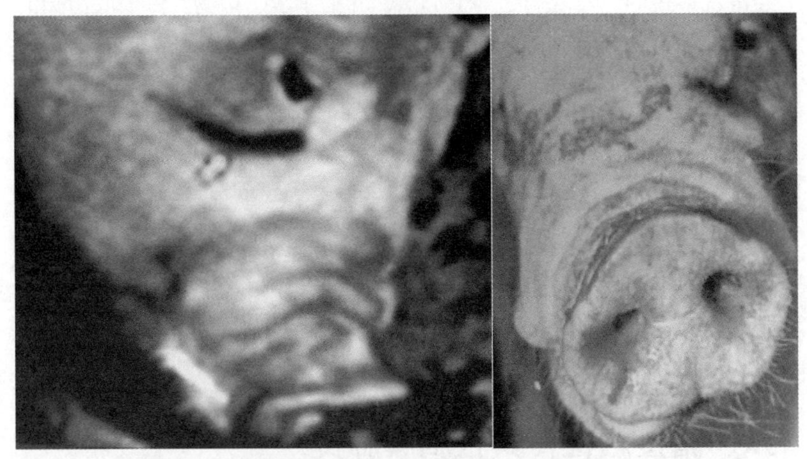

图 7–70　猪萎缩性鼻炎：脸上有泪斑，脸部变形，鼻腔出血

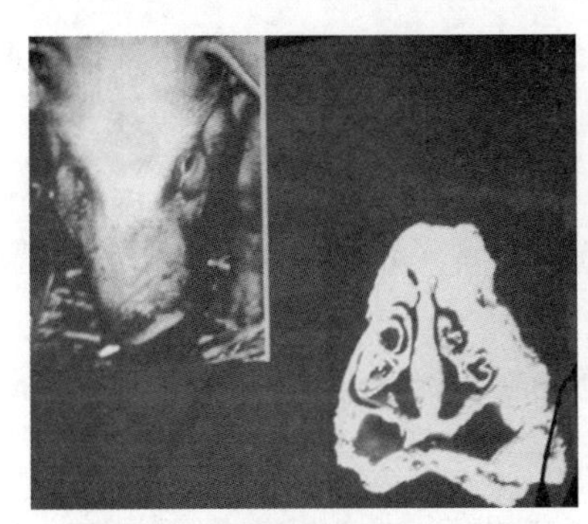

图 7–71　猪萎缩性鼻炎：脸部变形、鼻向一侧弯曲、鼻甲骨萎缩

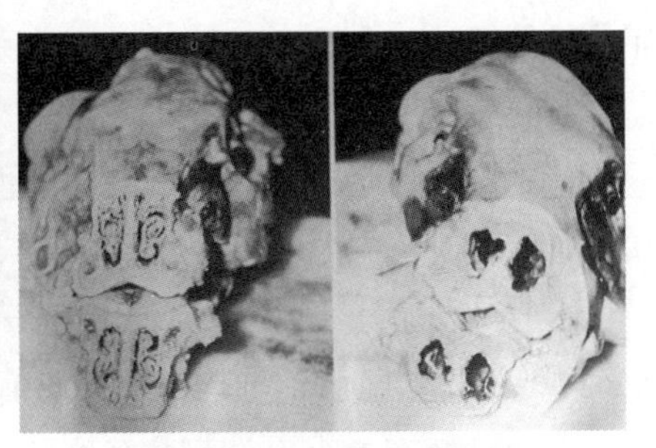

图 7–72　猪萎缩性鼻炎（左图正常鼻甲骨、右图鼻甲骨萎缩，鼻腔消失、形成空洞）

5. 诊断

根据典型的临床症状，不难得出初步诊断，但确诊需做实验室诊断，

方法有：细菌分离培养，玻片或试管凝集试验，荧光抗体等。

6. 防治措施

（1）预防

种猪定期用猪萎缩性鼻炎菌苗免疫。

经常观察猪群，发现病猪马上淘汰，养猪小区、猪场要做彻底清扫消毒。

养猪小区、猪场要提倡自繁自养，当必须外购猪时，要严格进行检疫，隔离一个月，确无此病时方可进场。

药物预防可用土霉素、金霉素给临产母猪和 15 日龄仔猪，连续服药 2 个疗程。

（2）治疗

种猪不提倡治疗，发现病猪马上淘汰，育肥猪可采用隔离治疗，限期育肥，定点屠宰，严格消毒等措施。治疗药物可选择土霉素、链霉素（使用剂量可参照药品说明书）。

八、猪接触性传染性胸膜肺炎

该病又称猪副嗜血杆菌病。猪接触性传染性胸膜肺炎是由猪副溶血性嗜血杆菌引起的一种呼吸道传染病。临床主要表现是肺炎和胸膜肺炎症状特征。

1. 病原

猪副溶血性嗜血杆菌，革兰氏染色阴性菌，单个排列，多形态杆菌。在鲜血琼脂或巧克力琼脂培养基上生长良好。

本菌抵抗力不强，常用消毒药如：2% 火碱，0.3% 过氧乙酸，0.2% ～ 0.3% 次氯酸钠等均可杀灭病菌。

本菌已知有 5 个血清型，各血清型之间有很强的特异性，相关性和交叉相关性。

2. 流行特点

不同年龄的猪均有易感性，以育肥猪群发病死亡较多。猪副溶血性嗜血杆菌是黏膜的严格寄生菌。主要存在病猪的呼吸道，病猪是主要传染源，通过空气飞沫和病猪与健康猪鼻对鼻接触传播。发病率和病死率通常在50%以上，但哺乳猪如感染上，常病死率在100%。当猪舍过于拥挤密集、卫生环境不好和气候不良时更促使本病发生。

3. 临床症状

潜伏期，人工感染1～7天，最短8～12小时就发病。最急性型病猪，临床未见任何症状，猪只突然发生死亡。急性病猪，初期体温升高42℃以上，呼吸高度困难，张口呼吸，口鼻流出泡沫样分泌物，耳、鼻及四肢皮肤发绀，常站立或呈犬卧式，极度痛苦症状，如不及时治疗，常1～2天内因窒息死亡。病程稍长，症状比较缓和，则逐渐康复或转为慢性，临床病猪体温不高，有间歇性咳嗽，生长迟缓。

4. 病理变化

病死猪口鼻有出血性分泌物，鼻、耳尖、腹部及四肢皮肤发绀。肺部呈两侧性肺炎，肺脏出血，坏死，病变部位与正常肺组织界限清晰。肋膜和肺炎区表面有大量纤维素性渗出物附着，胸腔有混浊的血色液体。慢性病例常发生肺与胸壁粘连。病猪消瘦、生长发育迟缓。

猪副嗜血杆菌病的病理变化见图7–73。

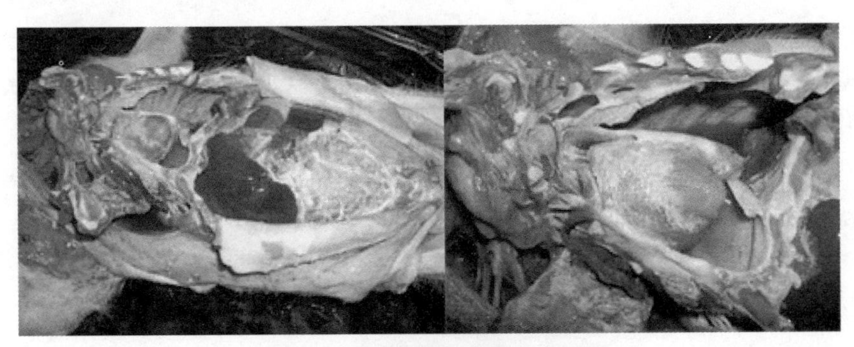

图7–73　猪副嗜血杆菌病：纤维素性胸膜炎、心包炎、腹膜炎

5. 诊断

根据发病情况及临床症状，可以得出初步诊断。但确诊需做细菌学检查或血清学检查。

6. 防治措施

（1）预防

注意平时环境卫生，消除不良诱发因素，用2%火碱，全场每半个月清毒一次，有发病的场，每周消毒二次。猪场的种猪群，要用血清学方法进行定期检疫，发现阳性猪及时淘汰。育肥猪群可用0.04%土霉素拌料进行全群预防。

（2）治疗

发现病猪、早期隔离治疗，有一定效果。青霉素肌注：每次40万～100万IU，每日2～4次，连续注射一周。

九、猪布氏杆菌病

猪布氏杆菌病是人畜共患传染病。该病特征是侵害生殖器官，母猪发生流产和不孕，公猪可引起睾丸炎。

1. 病原

猪布氏杆菌，菌体呈球杆状和杆状。长0.6～1.5 μm，宽0.4～0.7 μm，革兰氏阴性菌，不抗酸，不形成芽孢，不运动。布氏杆菌广泛存在病猪的流产胎儿、胎衣及病猪的乳房和淋巴系统中。发病初期在血液、在全身各组织均可以找到布氏杆菌，常常随着胎儿、胎衣、尿、乳汁将细菌排出体外，污染产房、饲料及用具。

该菌对阳光直射20～30分钟可被杀死，对湿热在50～55℃加热60分钟死亡。70℃加热10分钟，100℃时立刻死亡。

在炎热夏季，粪便里菌能存活8～25天，土壤里的菌能存活2～25天，在冬季冰冻情况下，该菌可存活几个月。对常用消毒药抵抗力不强，0.1%升汞数分钟，2%甲醛，1%来苏水或5%生灰乳15分钟将其杀死。

2. 流行特点

不同年龄的猪都有易感性，多发生在春、秋集中产仔季节，以繁殖猪群发病较多，其他阶段的猪无临床症状。病菌主要存在妊娠母猪流产胎儿、胎衣和羊水中，通过流产胎儿，也可以随母猪阴道分泌物和公猪精液排出体外污染环境，健康猪采食了被污染饲料，饮水经消化道感染，也可以通过配种外伤感染。猪只感染后大部分可以自行恢复，仅有少数成为带菌猪。

3. 临床症状

母猪多在妊娠 3 个月时发生流产、死胎、产后胎衣不下。乳房水肿，有的发生阴道炎。子宫炎造成不孕症。公猪常发生双侧或单侧睾丸炎、肿大、疼痛，长期不愈可以造成睾丸萎缩，丧失配种能力，也有发生后肢麻痹及跛行，短暂体温升高或正常，病猪很少死亡。

4. 病理变化

母猪流产死胎变化不明显，主要是病猪产后子宫黏膜呈脓性卡他性炎症，并有大小不等米粒状的灰黄结节。公猪最常见病变是在睾丸副睾、前列腺等处脓肿。

猪布氏杆菌的临床症状见图 7–74 至图 7–76。

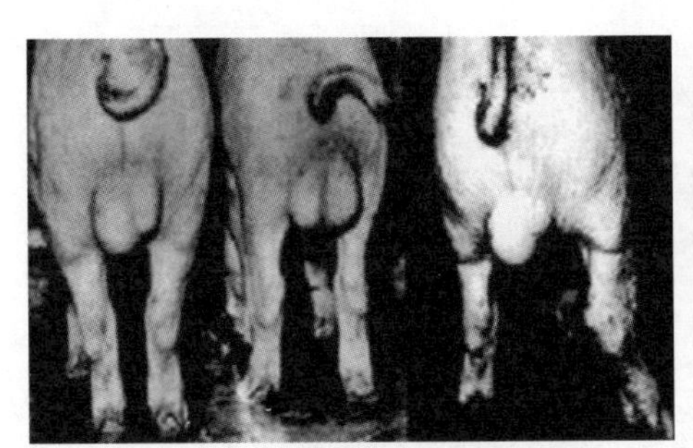

图 7–74　公猪双侧或单侧睾丸炎、肿大、疼痛，严重病例睾丸萎缩

图 7–75　猪布氏杆菌病：妊娠母猪发生流产、死胎

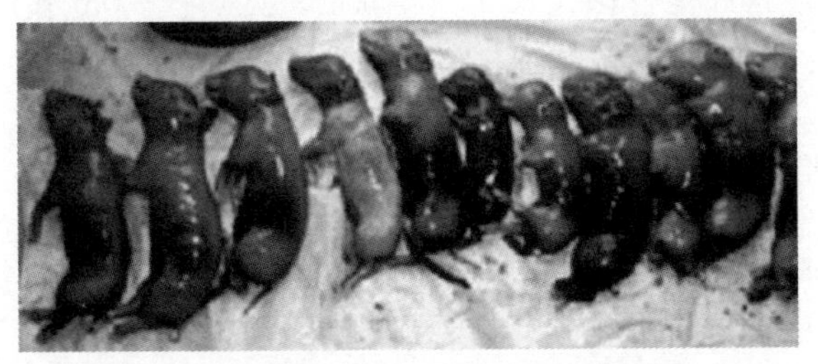

图 7–76　猪布氏杆菌病：妊娠母猪发生流产、死胎

5. 诊断

根据流行情况，临床症状和病理变化可以得出初步诊断，确诊需做实验室细菌学检查和血清学检查。

6. 防治措施

（1）预防

主动免疫：有猪布氏杆菌病发病史的猪场和地区，布氏杆菌病阴性种猪群，每年定期口服布氏杆菌病猪型二号冻干菌进行预防，饮喂 2 次，间隔 30 ～ 45 天，每次剂量为 200 亿活菌。

猪场的繁殖猪群，每年定期进行布氏杆菌病检疫，阳性猪一律淘汰。种公猪在配种前还要检疫一次，阴性猪才可以参加配种。

猪场提倡自繁自养，引种时一定要做布氏杆菌病检疫，阴性猪隔离一个月方可进场。

加强环境卫生消毒，减少病原菌感染的机会。

（2）治疗

本病无治疗意义，发病后病猪马上淘汰，并且要做好污染场舍、环境消毒工作，消毒药用 1% ～ 3% 来苏水，2% 甲醛，0.1% 升汞等药物。

十、破伤风

破伤风是人畜共患传染病，是创伤后感染破伤风梭菌所引起。临床特征是运动中枢反射兴奋增强和全身肌肉强直性痉挛，故称强直症。

1. 病原

破伤风梭状芽孢杆菌，长 2 ～ 4 μm，宽 0.4 ～ 0.6 μm，多为单个或形成短链，能形成圆形芽孢，位于菌体一端，如鼓锤状。本菌有鞭毛，能运动。革兰氏染色阳性。本菌是厌氧菌，能产生溶于水的外毒素，有很强毒性。

破伤风梭菌对外界抵抗力不强，一般消毒药均可在短时间内杀死。一旦形成芽孢，抵抗力很强，在干燥的情况下经过 10 多年还有生命力。煮沸 1 ～ 3 小时、高压 20 分钟才被杀死。3% 过氧乙酸和 10% 碘酊等，

10 分钟可以将其杀死。

2. 流行特点

破伤风梭菌广泛存在自然界，当发生外伤时由创伤感染，各种家畜均有易感性，当外伤的伤口很小而很深，伤口内发生坏死，并被泥土、粪痂皮封盖，破伤风梭菌乘机在里面大量繁殖，并产生嗜神经毒素而引起发病。猪常由于阉割而感染。

3. 临床症状

潜伏期 1 ～ 2 周，发病猪从头颈肌肉开始痉挛，逐渐发展全身肌肉强直，牙关紧闭，呼吸困难，耳竖立，头颈伸直，四肢强直，对光、声和其他刺激敏感症状加重，最后因窒息死亡，病猪死亡率高。

4. 诊断

根据特殊症状和封闭性外伤，确诊并不困难。

5. 防治措施

（1）预防

抓好破伤风菌苗免疫接种，减少造成猪体外伤的因素。发生钉伤，刺伤以及在阉猪、断脐时都要严格消毒，药物可选用 5% ～ 10% 碘酊。

（2）治疗

发病早期应用破伤风抗毒素，可以耳静脉注射或肌肉注射 1 万～ 2 万 IU，疗效较好。同时，配合对症治疗，解痉、抗菌、消炎，并且加强护理，减少刺激促进恢复。

十一、结核病

结核病是多种家畜、野生动物及人的一种慢性传染病，其病的特征是在多种组织器官形成肉芽肿和干酪样、钙化结节病变。

1. 病原

结核分枝杆菌，主要有 3 个型，即牛型、人型和禽型。猪对这些结核杆菌都有易感性。但禽型对猪致病性最强。

结核杆菌抗干燥能力强，将带菌的痰放在黑暗处，干燥将近一年（10 个月），接种豚鼠仍引起发病。但不耐热，70℃加热 10 分钟，80℃加热 5 分钟，100℃立即死亡，对直射阳光 2 小时也可以被杀死。对化学药品抵抗也很强，有抗酸、抗碱特点。但 4% 甲醛 12 小时，5% 石炭酸，5% 来苏水 24 小时，每升 50 mg 的有效氯 2.5 分钟，可以杀死病原菌。

2. 流行特点

猪结核病主要与结核病的病鸡、牛、人直接或间接接触传染。例如：用未经处理过的鸡粪喂猪或直接将病死鸡喂猪，未经消毒过的乳制品直接喂乳猪。饲养人员患有结核病等都可以感染猪。猪结核病一般呈散发、发病率和死亡率都不高。

3. 临床症状

无明显临床示病症状，许多猪仅个别淋巴结发生结核病灶，病重时病猪体温升高，食欲减退，精神沉郁。局部病灶溃烂，有时形成瘘管。

4. 病理变化

猪结核性病变常常局限在咽、颈部淋巴结和肠系膜淋巴结。病灶呈黄白色干酪样，小如蚕豆大，大如核桃，鸡蛋大坏死灶。也有的淋巴结肿大，坚硬无脓性病灶。

5. 诊断

采集病变组织做抗酸染色，看菌体形态或动物接种，也可以做结核菌素诊断。（在猪的耳外侧、皮内注射结核菌素）成年猪注射结核菌素原液 0.2 mL，3 ～ 12 月龄 0.15 mL，3 个月以内 0.1 mL。用卡尺测皮厚，48 小时、72 小时各观察 1 次，肿胀 35 mm × 45 mm 以上为阳性。

6. 防治措施

本病一般不治疗，血清学阳性病猪马上淘汰以免病原扩散。预防措施主要是对种猪群加强检疫，不外购病猪。不用来路不明的鸡粪饲料喂猪。养猪场内定期用结核杆菌敏感的消毒剂进行消毒，减少传染源。

十二、猪链球菌病

猪链球菌病是一种人畜共患的急性、热性传染病，表现为急性出血性败血症、心内膜炎、脑膜炎、关节炎、哺乳仔猪下痢和孕猪流产等。猪链球菌感染不仅可致猪败血症肺炎、脑膜炎、关节炎及心内膜炎，而且可感染特定人群发病，并可致死亡。由猪链球菌Ⅱ型引起的猪败血性链球菌病较常见，给我国养猪业造成了很大危害。《中华人民共和国动物防疫法》将其列入二类动物传染病。

1. 病原

猪链球菌主要存在猪的扁桃体和鼻腔内。猪链球菌为革兰氏染色阳性菌，多呈单球、双球或短链状。

药物敏感试验结果：敏感的药物依次是：头孢菌素、青霉素；中度敏感的依次是：洁霉素和卡那霉素；而对土霉素、链霉素、庆大霉素具有抗药性。

对消毒药抵抗力不强，常用的季氨盐类，酸性，碱性消毒剂均有杀灭作用。

2. 流行特点

链球菌种类很多，在自然界分布很广，水、尘埃，动物体表、消化道、呼吸道、泌尿生殖道黏膜、乳汁等都有存在。各种年龄的猪都有易感性，但败血症型和脑膜脑炎型多见于仔猪，化脓性淋巴结炎多见于育成猪与成年猪。病猪和带菌猪是主要传染源，通过接触口鼻、外伤皮肤而传染本病。尤其是在饲养密度大，通风不好的情况下更易诱发本病。呈地方性流行，在秋至春季多发。

近年来，猪、马属动物，牛、羊、鸡、兔、水貂等动物均可感染链球菌。人也可感染发病。流行病学调查表明，人—猪链球菌病已成为一种严重的职业性传染病，病人均为病猪处理工人或接触过病猪肉的人群以及打猎者，病原菌主要通过伤口或经口感染人，因此，应加强相关职业人群的自我防护，不要宰杀、食用病死猪，发现不明原因死亡的生猪要及时报告兽医部门，对感染者要及时采取有效的治疗措施。

3. 临床症状

40 日龄以前仔猪常引起脑膜炎，败血症和关节炎，病猪体温升高，皮肤发红，共济失调、倒卧，四肢出现划水动作，全身肌肉震颤或强直，有时可见跛行。20 日龄以前仔猪发病多因母猪带菌。通过母乳、阴道分泌物或破损皮肤和脐带感染。病猪关节肿大，跛行，发生心瓣膜炎，皮肤黏膜发绀。淋巴结炎多发生于断奶后育成猪和成年猪，临床可见颈部、颌下淋巴结肿大，坏死、化脓。如菌进入血流还可以引起其他部位或内脏脓肿。

4. 病理变化

急性败血型病猪，全身皮肤充血、出血，鼻黏膜紫红色，喉头，气管充血，常见大量泡沫，肺充血肿胀，全身淋巴结不同程度肿大、充血和出血，实质器官充血、出血。

脑膜炎类型病猪，脑膜充血、出血，严重者溢血，少数脑膜下有积液，脑切面有明显的小点出血。

关节炎型病猪，关节肿大，关节囊内有黄色胶冻样液体。关节周围组织纤维素性增生，肥厚。

猪链球菌病的临床症状见图 7–77 至图 7–80。

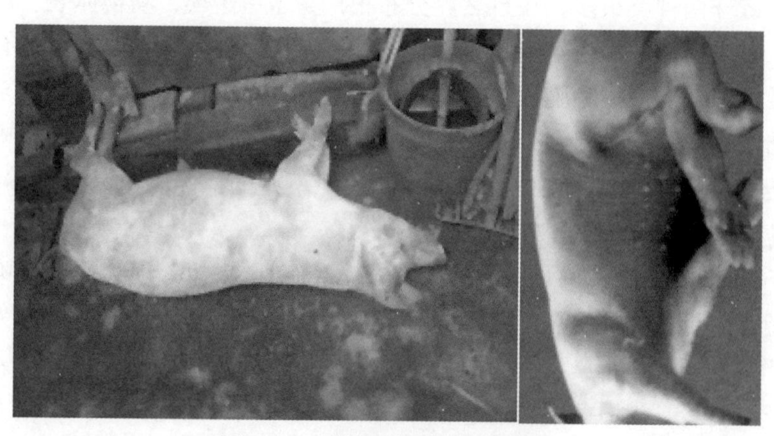

图 7–77　猪链球菌病：病猪皮肤弥漫性发绀、呈败血症症状

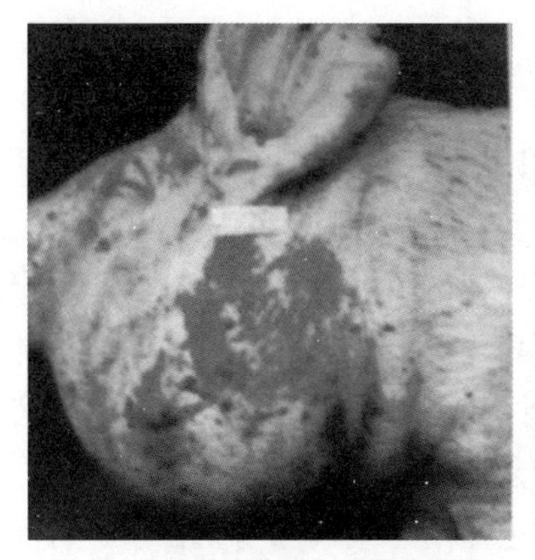

图 7–78　猪链球菌病：下颌肿大出血

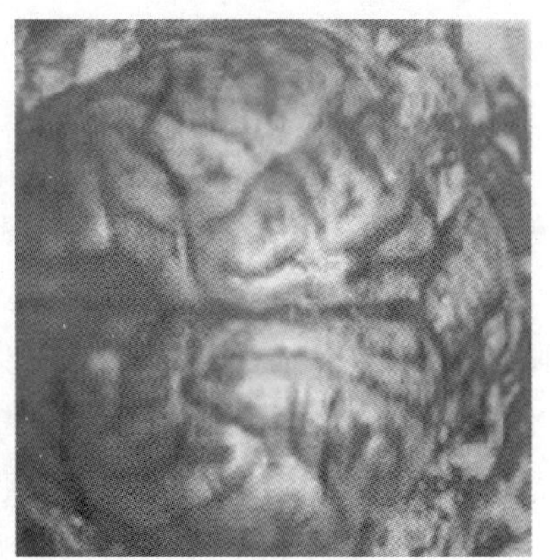

图 7–79　猪链球菌病：脑膜充血、出血

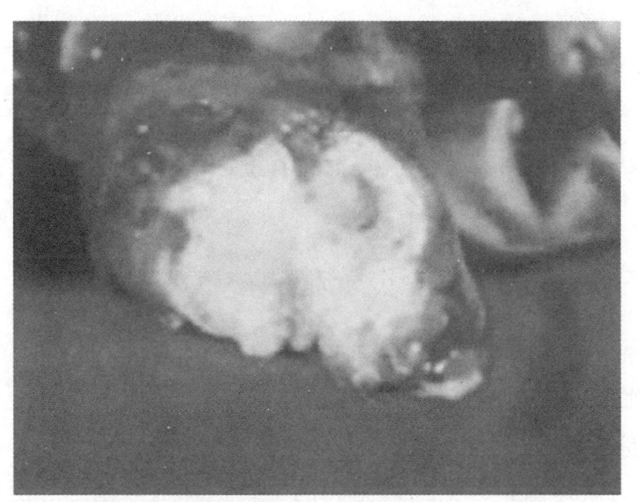

图 7–80　猪链球菌病：关节液增多，关节肿大

5. 诊断

根据临床症状、病理变化（颌下、咽部、耳下、颈部等淋巴结发生脓肿，败血性型多发于哺乳仔猪及架子猪，可见鼻孔流血，胆囊壁水肿，膀胱发黑等）能够得出初步印象。确认必须进行实验室检查，常用的方法有细菌学检查，动物接种，荧光抗体技术，乳胶凝集试验等。

6. 防治措施

（1）预防

疫苗免疫：受威胁猪群可以使用灭活疫苗和猪败血性链球菌病活疫苗免疫接种（免疫方法与用量：参照疫苗使用说明）。

加强饲养管理，全进全出，注意平时的卫生消毒，猪群密度要合理，去除猪舍内一切易造成猪只外伤的尖锐物和凸起。注意临产母猪的体表卫生消毒，新生仔猪断脐、断尾、断犬齿以及仔猪去势等手术也要严格进行消毒。防止一切能使猪感染的机会。

药物预防。受威胁猪群可以用头孢菌素、青霉素等抗菌素进行药物预防。

（2）治疗

发现病猪及早诊断并隔离治疗，选用高敏药物头孢菌素、青霉素 G 每头猪每千克体重 2 万～ 4 万 IU，肌肉注射 5 天，每天 2 次。另外，也可以用万古霉素进行治疗（治疗剂量参照药物使用说明）。

病死猪无害化处理：做好污染地的消毒工作，病死猪要做无害化处理，切勿食用，更不能卖给不法商贩，也不得乱扔，造成人为传播，危害社会。

十三、渗出性表皮炎（猪油皮病）

渗出性表皮炎是由葡萄球菌通过外伤等途径引起一种猪的非接触性细菌病。临床多发生在 10 ～ 21 日龄乳猪。

1. 病原

本菌为微球菌科，葡萄球菌属的金黄色葡萄球菌。广泛存在自然界。革兰氏阳性菌，能凝固兔血清。本菌对温度抵抗力较强，80℃加热 30 分钟才能杀死，但对化学消毒药抵抗力不强，一般常用 2% 火碱，0.3% ～ 0.5% 过氧乙酸，0.3% ～ 1% 菌毒敌等均可以将病原菌杀死。

2. 流行特点

发病主要是通过咬伤、擦伤的伤口或虱、螨感染部位，也可以通过人为传播，使用不干净外科器械，注射针头等感染猪只，以乳猪发病最多。

3. 临床症状

早期病猪精神倦怠，体表、猪耳发红，过度发汗症状，皮肤发黏，如混合感染绿脓杆菌则发出恶臭味道。随着病情发展，眼周围、面颊、耳后及下腿部皮肤呈现大片红色区域，并有组织液渗出凝固在局部皮肤和猪毛上，加之积存泥污及皮屑，形成脏而油腻的皮肤外观。严重病猪因体液丢失过多，引起脱水，嗜睡，食欲废绝而造成死亡。幸存者成僵猪，生长缓慢，无经济价值。

4. 病理变化

如无败血型葡萄球菌感染，内脏均无明显病变，主要是油皮外观病变，皮肤表面结痂、增厚，脱毛等病变。

5. 防治措施

（1）预防

加强饲养管理，减少造成外伤、擦伤因素，尤其是产床及仔猪培育床要保证无尖锐铁器、钉，无带毛刺木槽、保温箱等。仔猪生下断脐、断犬齿及防疫注射部位都要严格进行消毒。猪舍内外环境要干净卫生，舍内要注意保温、防湿、通风换气，定期驱杀体外寄生虫。

（2）治疗

病初及时隔离治疗，应用青霉素或四环素 3 ～ 4 天，每天 2 ～ 3 次。另外，还可以用中性皂水，或消毒液百毒杀，0.1% 高锰酸钾粉等进行清洗消毒。

第三节　猪喘气病（猪霉形体病）

猪喘气病是由猪肺炎霉形体引起猪的一种慢性呼吸道传染病。临床主要症状为咳嗽和气喘。病变的特征是融合性支气管肺炎；以两肺的尖叶、心叶、中间叶和膈叶前缘呈“肉样”实变。

1. 病原

为猪肺炎霉形体。猪肺炎霉形体因无细胞壁，故是多形性微生物，有圆形、环状、点状、星状、椭圆形等。本微生物在宿主外存活非常困难。

猪肺炎霉形体对热、冷、脱水剂和消毒剂非常敏感，在室温下（15～25℃）36小时失去致病力，病料保存1～4℃可存活4～7天。常用75%乙醇，2%火碱，0.3%过氧乙酸和0.5%次氯酸钠均能杀死病原体。

2. 流行特点

此病自然感染病例仅见于猪。不同年龄、性别和品种的猪均有易感性。病猪和隐性感染猪是主要传染源，通过呼吸道感染。在新疫区呈暴发流行，怀孕母猪往往呈急性，症状较重，病死率较高。流行后期或老疫区则以哺乳仔猪和育成猪、小育肥猪多发，病死率也较高，母猪和成年猪多呈慢性和隐性。此病的发生没有明显季节性，但以冬、春季节较多见。养猪小区、猪场环境卫生不洁，舍内通风不良，潮湿、拥挤常能诱发本病发生。

3. 临床症状

潜伏期10～16天，最短3～5天。主要症状为咳嗽和气喘。在新发病的猪群发病急，突然暴发，以妊娠母猪和哺乳母猪多见，病猪呼吸困难，张嘴呼吸，口鼻流有黏液，精神沉郁，食欲不振，有时呈痉挛性阵咳，有时站立或腹式呼吸（犬坐式）。如有继发其他病感染，病猪体温升高。病情加重，死亡增加。

慢性型病猪长期咳嗽，尤其是运动之后，或猪群有应激，突然站起时，只听见猪群里一声接一声的干咳或间歇、连续不断的痉挛性咳嗽。病猪常站立不动，拱背、伸颈，直到把分泌物咳出为止。随着病情发展，出现呼吸困难，腹式呼吸明显，犬坐式，张口呼吸。食欲减退，生长缓慢，饲料利用降低，育肥期延长。

4. 病理变化

病变常局限于肺和胸腔的淋巴结。肺部的心叶、尖叶、中间叶及膈叶前下缘发生融合性支气管肺炎，两侧肺具有对称性，早期病变如蚕豆大肺炎灶，涉及 1 个或几个肺小叶，以后随着病情发展成为多个肺小叶融合在一起性的支气管肺炎病灶。其病变以心叶最为显著，尖叶如中间叶次之。病变的颜色多为淡灰红色或灰红色，半透明状。病变部界限明显，如肌肉样，故称“肉变”。肺脏淋巴结显著肿大，切面外翻，呈灰白色，有时边缘有轻度充血。

猪喘气病的临床症状和剖检变化见图 7–81 和图 7–82。

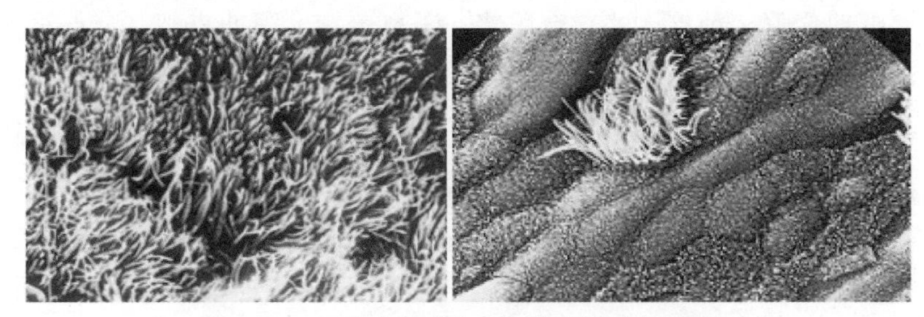

图 7–81　正常支气管上皮细胞的纤毛（左图）
感染了霉形体的支气管上皮细胞的纤毛（右图）

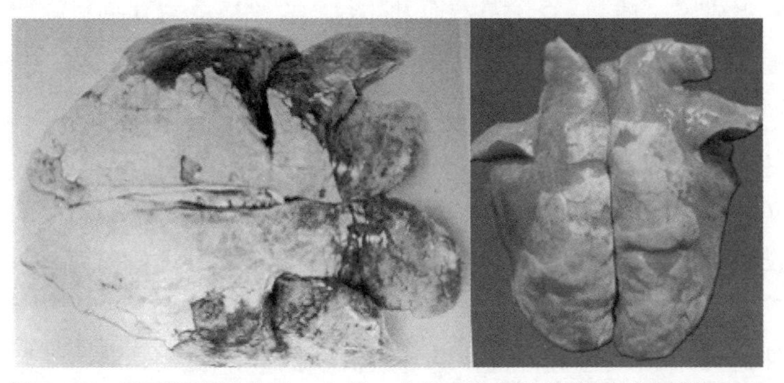

图 7–82　猪喘气病肺尖叶、心叶、中间叶和膈叶前缘呈“肉样”实变

5. 诊断

根据流行病学、临床症状、病猪剖检变化，不难做出初步诊断。确诊需做特异性血清学检查，如间接血凝试验、微量补体结合试验和免疫荧光等。

6. 防治措施

（1）预防和控制

对猪气喘病主要采取综合性防制措施。

种养猪小区、猪场要定期对种猪进行血清学检查，间接血凝试验阴性猪，每年二次定期接种猪霉形体苗，每头猪胸腔注射 5 mL。留为种用的亲代仔猪在 1.5 月龄时采血，做血清学检查，霉形体抗体阴性者，也要注射猪霉形体疫苗，每头猪胸腔注射 2 ～ 3 mL。并与阳性猪隔离饲养。

阳性猪群、种猪淘汰、育肥猪，隔离治疗，限期育肥，定点屠宰。被污染的场地、环境，彻底清扫消毒。

商品养猪小区、猪场种猪群也要采取定期做血清学检查，阳性猪淘汰，阴性猪注射疫苗的防疫措施。

药物预防：种猪群每年可采用 2 次以上的间歇投药法，药物选用 45% 支原净（泰赞 –45）和土霉素。方法：种公猪连续用药 5 天，间隔 14 天，再用 5 天药物浓度为：支原净 100 ～ 150 mg/kg，土霉素 300 mg/kg，拌料投喂。每年最少投药 2 次。

妊娠母猪于产前 1.5 个月左右开始投药，连续 5 天在饲料添加支原净 100 mg/kg，土霉素 300 mg/kg，由母猪自由采食后停药 14 天，再用以上方法连用药 5 天。即间歇投药 2 个疗程。

其亲代仔猪，在 20 日龄开始以料为主以哺乳为辅时，在饲料中添加 80 mg/kg 支原净和 300 mg/kg 的土霉素，连用 5 天，停药 14 天，用此方法再投喂 5 天，再停药 14 天。如此可应用 4 ～ 5 个疗程。

养猪小区、猪场要求自繁自养，需要外购种猪时，必须隔离检疫，有条件的可用 X 线透视检查并结合血清学检查，隔离 1 个月以上，确认阴性猪才可以进场。

（2）治疗

种猪群不提倡治疗，确诊患猪肺炎霉形体后，马上淘汰。

对育肥猪，隔离治疗限期育肥，药物可选用支原净加土霉素拌料。针剂可选用卡那霉素、庆大霉素、猪喘平和林可霉素注射液（药物剂量参照药物使用说明书）。

第四节 猪密螺旋体痢疾

猪密螺旋体痢疾又称猪痢疾，是由螺旋体科、密螺旋体属的猪痢疾密螺旋体引起的一种严重肠道传染病。急性型以黏液出血性下痢为特征，故又称猪血痢，慢性型以黏液性下痢为主要症状。

1. 病原

为猪痢疾密螺旋体，革兰氏染色阴性，镀银染色，菌体圆柱状，两端尖，中间弯曲有两个峰，在暗视野显微镜下，可见活泼弯曲的蛇状运动。

密螺旋体对外界环境的抵抗力较弱，在猪舍中可存活一个月，在粪中存活 2 个月，25℃存活 7 天，37℃时很快死亡，在土壤当中（4℃）可存活 18 天。对热、阳光，干燥敏感，一般常用消毒药均可杀死本病原，例如，0.1%～0.3% 过氧乙酸，3% 来苏水，1%～2% 的氢氧化钠溶液等。

2. 流行特点

本病流行普遍，所有的猪都易感，但以 2～4 月龄的猪发病率最高。病猪和隐性感染猪是主要传染源，经粪便排菌。病原体污染饲料、水源、场地、垫草，健康猪经消化道感染而发病。

本病发生无明显季节性。一年四季都可以发生，但在养猪场饲养管理不当，卫生条件不好，气候突变，阴雨连绵，阴暗潮湿，拥挤，饥饿，饲料变更等情况下，均可促进本病的发生与流行。本病一旦发生，很难净化。

3. 临床症状

潜伏期最短一周左右，最长 2～3 个月。主要症状是拉稀，粪便中带有黏液和血液，呈红褐色，或灰绿色稀粪。病猪体温一般无明显变化，个别猪可略有升高。急性暴发养猪场，病猪发生突然死亡，死亡率可高达 70% 左右（多见于幼龄猪）。慢性病例，病猪食欲不振，喜欢饮水。卧地不起，弓背，被毛粗乱无光泽，消瘦，生长发育受阻或引起死亡。

4. 病理变化

病变局限在结肠和盲肠，表现此肠断黏膜弥漫性肥厚肿胀，表面有血液，内容物呈巧克力色，病程较长可见大肠黏膜有坏死点，或有麸皮样伪膜，剥去伪膜可露出溃疡面，肠系膜淋巴结肿胀。

猪密螺旋体痢疾病理变化见图 7–83。

图 7–83　猪密螺旋体痢疾：结肠黏膜暗红色肠管中有暗红色凝血块

5. 诊断

根据流行病学，临床症状和病理变化可以初步诊断，确诊必须做实验室检查。

取可疑粪便或肠内容物做抹片，染色、镜检，发现有两个峰的、两头尖的密螺旋体即可确诊。

6. 防治措施

（1）预防

加强饲养管理，给予营养全价饲料，适宜不同猪只生长发育的环境，增加机体抗病能力。

加强养猪场内、外环境治理，坚持定期进行清扫消毒。

严禁从疫区、场引进猪只，必要引种时也要需经检疫、隔离，确无密螺旋体病时方能进场。

（2）治疗

目前，还未发现能彻底根治猪密螺旋体的药物。常用抗菌素如四环素、新霉素、痢菌净等药物有一定的治疗作用，但易复发。目前，对发病的猪场常采用封锁、隔离、治疗、限期育肥，定点屠宰。然后进行猪场的彻底清扫、消毒，对污染物做无害化处理。空舍 2 个月以上，再进新猪。消毒药可选用 2% 火碱水、草木灰、3% 来苏水、1∶500 倍稀释的菌毒敌等。

第五节 猪的立克氏体病

一、附红细胞体病

附红细胞体病是由于附红细胞体寄生在动物血液里附着在红细胞表面或游离在血浆中而引起的一种人畜共患传染病，国内外曾有人称之为黄疸性贫血病，类边虫病，赤兽体病和红皮猪病等，临床上主要特征以发热、贫血或黄疸等症状。

1. 病原

附红细胞体是一种多形态生物体，不受红细胞溶解的影响，对干燥和化学药品比较敏感，对低温的抵抗力较强。在 0.5% 石炭酸中 37℃ 3 小时可以被杀死；在冰冻凝固的血液中可存活 31 天；在加 15% 甘油的血液中 −79℃时，能保持感染力 80 天。

2. 流行特点

本病的发生有一定的季节性，高热、高湿、蚊蝇孳生季节多发，有的发病养猪小区、猪场3月份发病，8—9月份呈现高峰，10—12月份仍陆续发病，说明该病一年四季都可以发生，只是季节不同，发病程度有差异。哺乳仔猪发病（1～15日龄）死亡率高达80%。

本病动物和人隐性感染率相当高，猪的隐性感染率高达95%左右。目前，已证实血虱、螫蝇、虱蝇、胎盘和血液，可以传播本病。

3. 临床症状

哺乳仔猪最早3日龄发病，病猪发烧、扎堆、行走时步态不稳、发抖，不食，个别弱小猪很快死亡。随着病程发展，病猪皮肤发黄（黄染）或发红，胸腹下及四肢内侧皮肤更甚。可视黏膜黄染或苍白。被毛灰白色，皮肤有渗出性黏液，用手触摸发黏，个别猪发生丘疹性皮炎，形成紫红色不规则的炎性病灶，病程稍长的猪皮肤皲裂，耳部表皮发干，易剥离。

繁殖母猪病猪体温升高，食欲不振或不食，妊娠后期和产后母猪易发生乳房炎。个别母猪发生流产或产死胎。其他阶段的猪未见明显临床症状。

4. 病理变化

血液稀薄或变化不明显，皮下水肿，有黄白色胶冻样浸润，肌肉发黄。全身淋巴结肿大，切面有灰白色坏死灶或出血斑点。心肌软，有条纹状坏死，有的心包积液。肾脏有时有出血点。脾脏肿大，有突出的圆形出血点。肝脏脂肪变性或变化不大。个别病例有出血性肠炎。肺尖叶有肉变区。

红细胞体病的临床症状见图7-84和图7-85。

图7-84　猪附红细胞体病：患病猪（1）

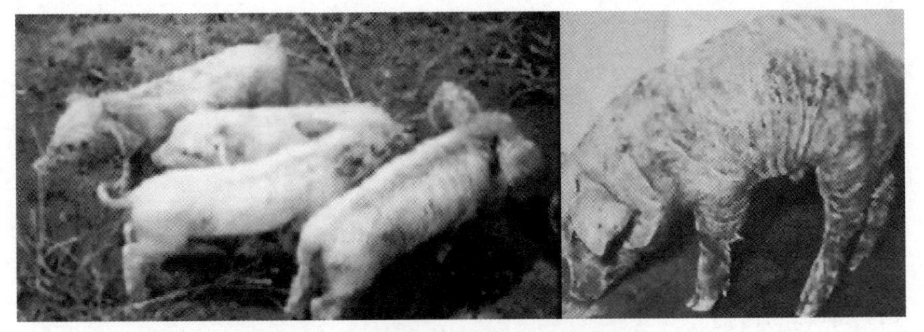

图 7-85　猪附红细胞体病：患病猪（2）

5. 诊断

根据流行病学、临床症状、病理剖检，不难做出初步诊断，但确诊必须做实验室检查。常用方法如下。

（1）取病猪的耳尖、尾尖部或前腔静腔血液一滴，加等量生理盐水或阿氏液做血压片，1 000 倍油镜检查，可见大量附红细胞体，呈球形、逗点形、杆状或颗粒状等。附红细胞体附着在红细胞表面（1 ～ 10 个不等）或游离在血浆中，血浆中的附红细胞体做伸展、收缩、转体等运动并快速移动。由于多个附红细胞体附着在红细胞表面具有一定的张力，使红细胞在血浆当中上下震颤或左右摆动。红细胞形态也发生了变化，呈锯齿状、星状、三角状等不规则形态。

（2）血涂片染色检查，革兰氏染色呈阴性，姬姆萨染色附红细胞体呈紫红色；瑞氏染色附红细胞体为蓝粉红色。

用以上方法 1 000 倍油镜下观察 20 个视野，发现附红细胞体则判为阳性。

6. 防治措施

（1）预防

加强饲养管理，给予全价饲料保证营养，增加机体的抗病能力。注意通风保温，保持适宜的舍内外环境，减少不良应激，可防止诱发附红细胞体病。

坚持卫生和消毒制度，畜禽场长年保持内外环境清洁卫生，定期进行消毒，药物可选用次氯酸钠或过氧乙酸等消毒药。

定期灭虫驱虫，每年夏季用溴氰菊酯等药物杀灭吸血蚊、蝇等昆虫，春、秋两季选择害获灭等药物驱除畜禽体外寄生虫，例如，血虱、疥螨虫等。

防疫操作要安全卫生，对针头、针管、去势刀、打耳号器、断齿钳、口腔保定器及其他手术器械要进行严格的高压灭菌消毒，减少人为因素造成本病的传播。

药物预防：每年本病高发季节到来前，可选择四环素族类药物进行全群预防性投药。新出生乳猪可以试用注射血虫净，每千克体重 2 ～ 3 mg，间隔 48 小时再注射 1 次。

（2）治疗

猪发病初期应用贝尼尔（血虫净）有一定治疗作用。哺乳仔猪 5 ～ 7 mg/kg 体重。间隔 48 小时再注射 1 次，治愈率 50% ～ 80%，病重猪治疗无效。

病猪群应用 0.08% ～ 0.1% 土霉素拌料，治疗 2 ～ 3 疗程后可以控制疫情（每个疗程 5 ～ 7 天），但不能使附红细胞体从血液中完全消失，只能降低附红细胞体对血细胞的感染率。

二、衣原体病

衣原体病是由立克氏体类的微生物，衣原体引起多种动物和人的一种人畜共患传染病。猪患本病主要特征是引起繁殖障碍，妊娠母猪表现流产、死胎、弱胎及传染性不孕，公猪发生睾丸炎，仔猪发生关节炎、脑炎、肺炎等临床症状。

1. 病原

衣原体属于立克氏体纲，衣原体目、衣原体科、衣原体属的鹦鹉热衣原体，衣原体是在真核细胞内专一寄生的原核细胞微生物，它属于革兰氏染色阴性细菌。既含有 DNA，又含有 RNA，有细胞壁和核糖体。以二分裂方式在宿主细胞的胞浆内进行大量繁殖。

衣原体对理、化因素抵抗能力，在干燥的外界环境存活 5 天，在室温和阳光下最多能存活 6 天，在水中存活 17 天。加热到 56℃需 5 分钟被灭活。对低温抵抗能力强，感染组织内的衣原体在 4℃可存活 2 个月，–50℃存活一年以上，在 50% 甘油溶液中能存活 4 天，3% ～ 10% 乙醚对其活力无甚影响。0.1% 甲醛、0.5% 石炭酸在 4℃作用 24 小时可以杀灭，1% 石炭酸，1% 甲酚，0.01% 升汞等均可在 10 分钟内灭活。3% 过氧化氢，70% 酒精及碘酊均可在几分钟内破坏衣原体的感染性。

鹦鹉热衣原体对四环素族的抗菌素最为敏感，例如：四环素、土霉素、金霉素，另外红霉素、缬霉素、乙酰螺旋霉素、麦迪霉素、泰乐菌素、利福平等也有杀灭作用。沙眼衣原体、黄胺类药物有效。

2. 流行特点

鹦鹉热衣原体能感染 200 种以上的动物和人。猪衣原体病呈地方性流行。由蚊、虫叮咬或直接接触传染。衣原体存在病猪精液、流产胎儿，母猪、仔猪的肺、关节、肝、脾等器官。所有年龄的猪均有易感性。

3. 临床症状

许多衣原体性感染均为隐性感染，不易被发现，妊娠母猪发病则表现流产、死胎、弱胎、公猪发病则呈睾丸炎、附睾炎和尿道炎。如发生肺炎常有体温变化、体温升高 39 ～ 41℃。育成猪发病多为肺炎、关节炎症状。病猪精神沉郁湿咳、跛行、虚弱、消瘦、被毛粗乱。

4. 病理变化

繁殖母猪主要是子宫炎，子宫内膜出血，水肿，公猪睾丸炎等病理变化，流产胎儿，全身水肿，颅腔内大量血色液体，胃肠道局灶性卡他性炎及回肠出血，有时新生仔猪也出现此种变化。育成猪肺部感染，有肺炎斑存在，病灶呈不规则，凸起，质度硬，形成融和性肺炎灶，病变深入到肺组织深部。呈灰红色或灰色。另外在一些衣原体病例有时还可以看见，心包炎，胸膜炎，肾和膀胱出血。

5. 诊断

猪衣原体病很难根据临床表现就确诊，必须借助实验室诊断工作。

6. 防治措施

（1）预防

加强饲养管理，不外购病猪，必要引种时要严格进行隔离检疫。养猪场内、外环境要坚持定期消毒，消毒药可选用石炭酸和甲醛。

（2）治疗

病猪马上隔离治疗，限期育肥，定点屠宰。首选治疗药物有：四环素、红霉素、乙酰螺旋霉素等（使用剂量参照药品使用说明书）。

第六节 猪的寄生虫病

一、猪蛔虫病

猪蛔虫病是由猪蛔虫的幼虫移行于肝、肺和成虫寄生在猪小肠中而引起的一种蠕虫病。临床常见病猪生长发育不良，增重降低，严重可造成幼猪死亡。

1. 病原

猪蛔虫呈淡黄色或粉红色大型线虫，体表光滑，形似蚯蚓。虫卵为短椭圆形，壳厚，外表有层凹凸不平的蛋白膜，内为真膜，再内为卵黄膜。

感染性虫卵被猪吞食后在小肠内孵化出幼虫，幼虫可以钻入肠壁毛细血管，经门静脉向肝脏移行，到达肝脏后，还可经后腔静脉进入心脏，通过肺动脉毛细血管进入肺泡，幼虫在肺脏中停留发育，蜕皮生长后，随黏液移行至咽部，被咽下，在小肠内发育成虫。自吞食感染性虫卵到发育为成虫需 2 ～ 2.5 个月。猪蛔虫在宿主体内寄生期限为 7 ～ 10 个月，一条成熟雌虫一生可产 3 000 万个虫卵，一昼夜可排 10 万～ 20 万个。随着粪便排出体外，污染环境。

虫卵对外界的环境和常用的消毒药抵抗力很强，在疏松湿润的耕地或园土中可以生存 2 ～ 5 年之久，在污水里可生存 5 ～ 8 个月。用 3% ～ 5% 热火碱水（60℃以上），20% ～ 30% 热草木灰或新鲜石灰才能杀死蛔虫卵。

2. 流行特点

猪蛔虫病流行广泛，特别是仔猪蛔虫病，凡是养猪的地方均有本病发生。带虫猪是主要的传染来源，健康猪因采食了被虫卵污染饮水，饲料或舔食被其污染的母猪的体表、乳房，而受到感染。

3. 临床症状

仔猪、育成猪症状明显，成年猪多不表现明显的临床症状，病猪咳嗽、呼吸困难，体温升高，不愿走动。主要因蛔虫性肺炎引起。当幼虫钻肠壁造成肠道损伤时常表为消化道症状，病猪食欲减退，口渴，呕吐精神不振等，蛔虫过多可以阻塞肠道，胆管，甚至造成仔猪突然死亡。有些病猪可以呈现过敏现象，皮肤出现皮疹。也有些病猪表现痉挛性神经症状，此类症状多发，持续时间短，数分钟或至 1 小时消失。

4. 病理变化

肝脏表面有大量的出血斑点或白色的坏死星状斑点，肺脏局部出血或间质性肺炎，切开肺和支气管可发现大量幼虫，肠道可见大量相互扭结成团的蛔虫，肠黏膜充血、出血或溃疡。如肠破裂可见腹膜炎和腹腔积血。胆道蛔虫症死亡的猪，可发现胆道、胆管被蛔虫阻塞。

猪蛔虫病的临床症状见图 7–86 至图 7–90。

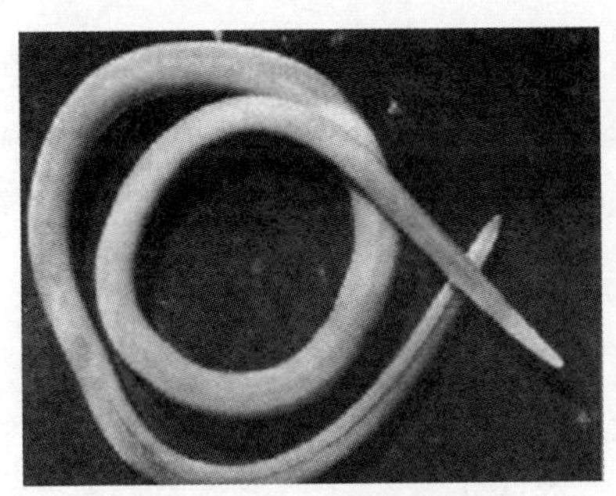

图 7–86　蛔虫成虫

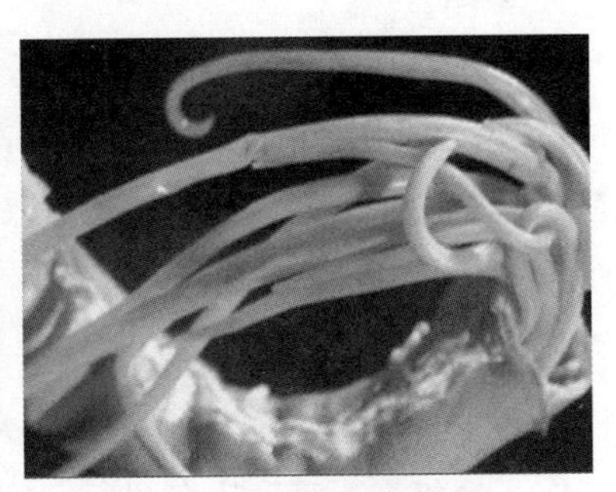

图 7–87　肠管内有大量的蛔虫将肠管堵塞

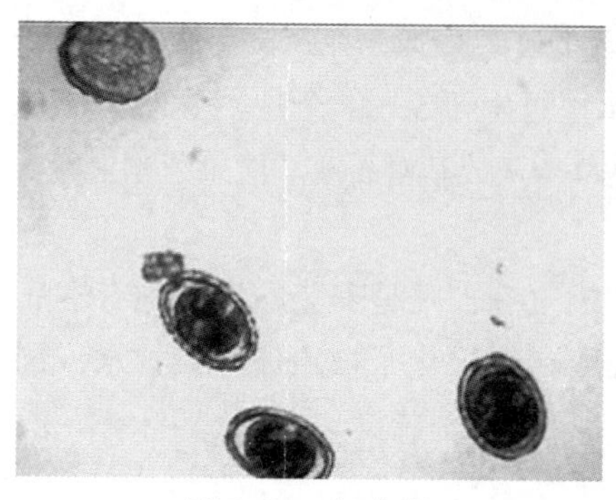
图 7–88　蛔虫卵

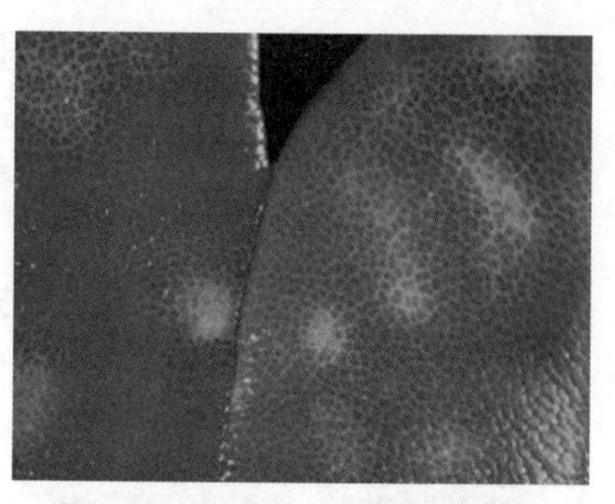
图 7–89　猪蛔虫：幼虫移行至肝脏时，引起肝组织出血、变性和坏死，形成云雾状的蛔虫斑（或称乳斑）

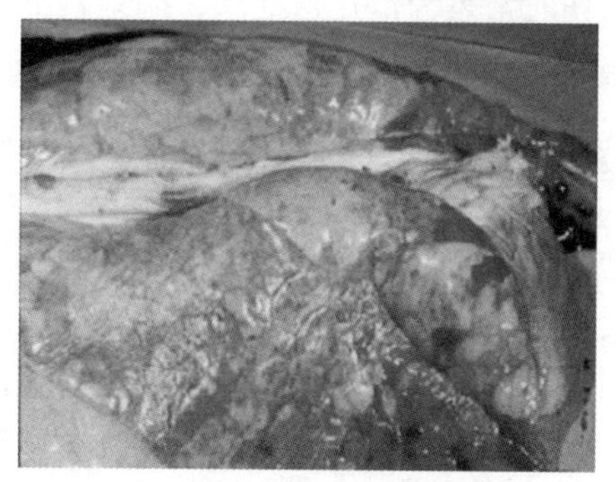
图 7–90　蛔虫性肺炎

5. 诊断

两个半月以上的仔猪出现消瘦，发育不良等症状时，可以采集清晨第一次粪便，用饱和盐水漂浮法检查虫卵来诊断，也可以用粪便做离心沉淀来检查虫卵。如粪便里发现虫卵，病死猪发现大量虫体就可以确诊。

6. 防治措施

（1）预防

必须采取综合性防治措施，消灭带虫猪体内的虫体，加强预防性驱虫工作，每年春、秋两季各进行一次全面驱虫；对 2 ～ 6 个月龄的仔猪，断奶后驱虫 1 次，以后每隔 1.5 ～ 2 个月再驱虫 1 ～ 2 次。外购猪在隔离场应做虫卵检查，虫卵阳性猪应马上进行驱虫，等粪便检查卵囊阴性方可进场并群饲养。

保持猪舍和运动场的清洁，舍内通风良好，阳光充足，防止圈舍内潮湿和拥挤。猪舍内勤打扫，做到粪便及时清理。运动场和圈舍周围，每年春末和初秋要翻土 2 次，或铲除一层表土，换上新土，并用新鲜的石灰消毒，饮饲槽及其清扫工具要定期用 3% 的热火碱水或 20% ～ 30% 热草木灰进行消毒。

加强猪的饲养管理，保证全价营养饲料，清洁饮水，合理的运动，增强机体的抗病能力。

粪便无害化处理，每天定时清除粪便，避免粪便污染环境，被清除的粪便要运到远离养猪小区、猪场的下风口处堆积发酵或挖坑沤肥，进行生物热处理，以便杀死虫卵。

（2）治疗

①应用驱虫净（四咪唑）15 ～ 20 mg/kg 体重，配成 5% 水溶液灌服或混于饲料喂服，皮下注射 10 mg/kg 体重；②丙硫苯咪唑（丙硫咪唑）5 mg/kg 体重，配成悬浮液灌服或混料喂服。

二、猪肺丝虫病（后圆线虫病）

猪肺丝虫病是由后圆科、后圆属的后圆线虫引起的猪肺丝虫病，也称为后圆线虫病。其临床主要特征是幼猪易感染，引起支气管炎和支气管肺炎。

1. 病原

后圆线虫主要寄生于猪的支气管和细支气管内，虫体呈丝状，乳白色。雄虫长 12 ～ 26 mm，雌虫长 20 ～ 58 mm。蚯蚓是中间宿主。雌虫在支气管内产卵，卵随着气管分泌物移至咽喉，又被咽下，随着粪便排到外界。虫卵被蚯蚓吞食后，在其体内孵化出第一期幼虫，在蚯蚓体内，约经 10 ～ 20 天蜕皮两次后发育成感染性幼虫。猪吞食了此种蚯蚓而被感染。幼虫侵入肠壁，钻到肠系膜淋巴结中发育，又经两次蜕皮后，随淋巴循环进入心脏、肺脏。在肺泡、细支气管和支气管内发育成熟。自感染后约经 24 天发育成成虫，又可排卵。成虫寿命为 12 个月。虫卵在粪便可存活 7 个月左右。在 60℃温度下 30 秒钟死亡。

2. 流行特点

后圆线虫的中间宿主是蚯蚓，一条蚯蚓最多可感染 4 000 条幼虫，蚯蚓主要喜欢在潮湿、疏松的土壤里生活，所以，凡是适合蚯蚓生活的地区多雨潮湿季节，本病流行严重。以放牧散养的猪群易发。

3. 临床症状

严重感染时，病猪阵发性咳咳，从鼻孔流出黄色黏液，呼吸困难，可视黏膜苍白，食欲减退，发育受阻，体重减轻。最严重时，因大量虫体阻塞气管而窒息死亡。

4. 病理变化

主要病变表现在肺脏，肺气肿，肺实质有结缔组织增生结节。切开肺脏可从支气管流出黏稠分泌物及白色丝状虫体。在膈叶后缘，可见到界限清晰的灰白色凸起的呈肌肉样硬变病灶。

猪肺丝虫病的临床症状见图 7–91。

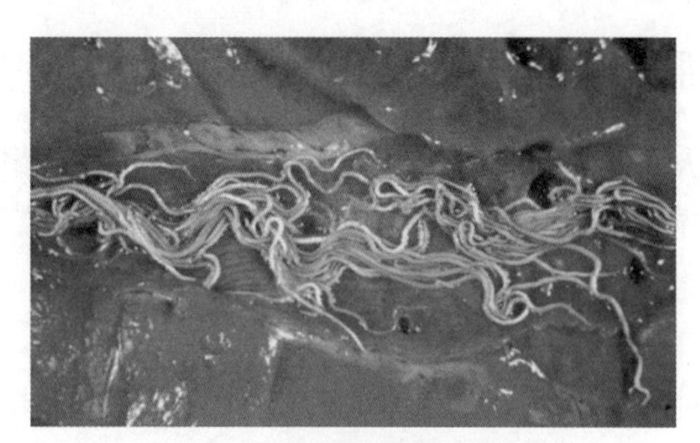

图 7–91　猪后圆线虫（肺脏有大量的后圆线虫寄生）

5. 诊断

怀疑本病时可以采集粪样，用沉淀法或饱和盐水漂浮法做虫卵检查，尸体剖时在肺的膈叶部分的切面可见到大量虫体而确诊。

6. 防治措施

（1）预防

疫场春、秋两季定期进行驱虫，药物可选择左旋咪唑，剂量 8 mg/kg 体重，混入饲料或饮水中给药。

养猪场要防止猪接触蚯蚓，运动场、猪舍地面应铺上水泥或用砖做成硬地面。尤其在墙角、墙边也要砸紧夯实，防止蚯蚓进入。

要定期用 1% ～ 2% 火碱水，30% 草木灰水进行场地消毒可以杀死虫卵。又可促使蚯蚓爬出以便消灭蚯蚓。

猪粪便集中堆放发酵，生物热处理。

（2）治疗

灌服或拌在饲料中喂服左旋咪唑，剂量每头猪按 10 mg/kg 体重，对幼虫成虫均有效。

三、弓浆虫病

弓浆虫病俗称弓形虫病，是由肉孢子虫科，弓形虫亚科、弓形虫属的龚地弓形虫引起的多种动物和人的一种人畜共患寄生虫病。临床主要表现为发热、便秘、呼吸困难和中枢神经系统疾病，怀孕母猪发生流产、死胎。

1. 病原

弓浆虫为细胞内寄生虫，根据其发育阶段的不同分为 5 型。滋养体和包囊两型，出现在中间宿主体内（猪等动物体内）；裂殖体、配子体和卵囊只出现在终末宿主猫的体内。

包囊型虫体出现在慢性或无症状病例，主要寄生在脑、骨胳肌和视网膜，以及心、肺、肝、肾等处，呈卵圆形，有软厚囊膜，囊中的虫体数目可由数十个至数千个，包囊的直径可达 50 ～ 60 μm。

裂殖体在猫的上皮细胞内进行无性繁殖，一个裂殖体可以发育形成许多裂殖子。

配子体是在猫的肠细胞内进行有性繁殖时的虫体。小配子体色淡，核疏松，后期分裂形成许多小配子；大配子体的核致密，较小，含有着色明显的颗粒。

卵囊随猫粪排出体外，卵囊对自然环境和常用的消毒药抵抗能力很强，在常温下可以保持感染力 1 ～ 1.5 年，混在土壤和尘埃中的卵囊能长期存活，但对冰冻、干燥和热抵抗力较弱。常用的消毒药 0.1% 升汞、70% 酒精、3% 石炭酸、10% 福尔马林等溶液浸渍 48 小时后并不损伤其传染力。用 99% 乙醇浸渍 24 小时，甲醇浸渍 12 小时，10% 福尔马林浸渍 96 小时，28% 强氨水 10 分钟，7% 强碘酒 30 分钟方可以杀死卵囊。

2. 流行特点

弓浆虫是一种多宿主的寄生虫，人、畜、禽及其他多种脊椎动物对本病均有易感性，在新疫区出现暴发流行，以猪发病率最高，老疫区大多数呈隐性感染。主要传染源是患病和带虫动物，以及被其分泌物，排泄物污染的土壤、饲料、饮水、用具等。健康动物除了经口吞食含有包囊或滋养体的肉类和被感染性卵囊污染的食物、饮水以及吞食携带卵囊的昆虫、蚯蚓感染外，滋养体还可以经口腔、鼻腔、呼吸道黏膜、眼结膜、皮肤以及通过胎盘垂直传染。

3. 临床症状

猪发生弓浆虫病时，初期体温升高到 40.5 ～ 42℃，呈稽留热，精神委顿，食欲减退，最后废绝。大便干燥，呼吸困难，常呈腹式呼吸（犬坐式），病猪咳嗽，流水样或黏液样鼻汁，体表淋巴结肿大。胸腹部、耳部出现紫红色淤血斑，或间有点状出血点，个别病猪耳尖发生干性坏死。病后期体温急剧下降而死亡。病程 10 ～ 15 日，妊娠母猪发生流产、死胎。

4. 病理变化

皮肤呈弥漫性紫红色或见有紫黑色出血斑点，全身淋巴结肿大，特别是肺门、肝、胃淋巴结肿大、充血、水肿，实质器官肺脏高度肿大，（膨大）间质增宽，表面有肋骨压痕，切开从细支气管内流出大量的白色泡沫。肝脏肿大，硬度增加，有针尖大小坏死灶和出血点，肾脏、脾脏也有坏死灶和出血点。盲肠和结肠有少数散在溃疡。胸、腹腔积液并有大量的纤维素渗出。

5. 诊断

根据流行病学、临床症状、病理变化可初步诊断；确诊需做实验室检查，取肺门淋巴结、肺脏、肝及胸、腹水做抹片，甲醇固定，姬姆萨染色，镜检查虫体。也可采用动物接种、免疫荧光抗体、琼脂扩散、间接血凝等实验。

6. 防治措施

（1）预防

养猪场必须保持舍内外环境卫生干净并坚持定期消毒。

养猪场严禁养猫、养狗，并积极定期做灭鼠工作，防止饲料、饮水、用具被带虫动物污染。

疫场要彻底进行清扫消毒，粪便堆积发酵生物热处理。水槽、料槽要用热火碱水冲洗消毒或火焰消毒，病死猪、流产胎儿、污物进行无害化处理。假健猪肉 -20℃以下冰冻处理 24 小时。

（2）治疗

病猪可以选用磺胺类药物进行治疗，磺胺嘧啶（SD）：口服初次量 0.14 ～ 0.2 g/kg 体重，维持量 0.07 ～ 0.1 g/kg 体重，每天 2 次。针剂，肌注 0.07 ～ 0.1 g/kg 体重，每天 2 次，连用 3 ～ 4 天。

制菌磺（SMM）或敌菌净（DVD）0.015 g/kg 体重，每天 2 次，连用 3 天。

甲氧苄胺嘧啶，增效磺胺 -5- 甲氧嘧啶注射液等药物均可获得良好的治疗效果。但应该注意妊娠母猪不可用乙胺嘧啶，容易造成胎儿畸形。

四、旋毛虫病

旋毛虫病是由毛首目、毛形科，毛形属的旋毛形线虫、成虫寄生于肠管，幼虫寄生于横纹肌而引起的一种寄生虫病。本病是猪、狗、猫、鼠等许多动物和人都可感染的一种重要的人畜共患病。除危害猪体，造成国民经济损失外，对人的危害更大，严重感染可致人死亡。所以，国家非常重视本病的防治工作，列为肉食品检疫的主要疫病之一。

1. 病原

旋毛虫的成虫是一种纤细的线虫，幼虫寄生在肌肉纤维间，并卷曲在肌肉纤维间形成包囊。眼观呈白色针尖状。

当人、猪或其他动物吃了含有纤毛虫幼虫包囊肉后，包囊被消化，幼虫逸出，钻入十二指肠和空肠黏膜内，约经2天发育成成虫。它为白色小线虫。雌雄交配后，雄虫死亡，雌虫钻入肠黏膜深层组织中产出幼虫，一条雌虫一生中（5～6周）能产生1 000～10 000条幼虫。幼虫经肠系膜淋巴结进入胸导管，再到右心，经肺进入体循环，随血流至全身各部位，横纹肌是它最适宜的寄生部位，在肌纤维膜内形成包囊，虫体在包囊内呈螺旋状卷缩。每个包囊有1～2条幼虫，也有6～7条的，包囊在1～2年内钙化，但是，幼虫并不死亡，只是感染能力下降，包囊内的幼虫生存能达数年，甚至25年。

肌肉内的旋毛虫抵抗力很强，在-12℃时可以存活57天，-18℃时存活10天，-30℃时存活24小时，-34℃时存活14分钟，经冷冻后又存放在-15℃的冷库中需20天才能完全杀死肌肉中的旋毛虫。盐腌、烟熏只能杀死表层旋毛虫，而深层中的虫体可存活一年以上，高温70℃左右才能杀死包囊里的幼虫。

2. 流行特点

在自然条件下能感染旋毛虫病的野生动物已超过了100多种，在家畜中主要是猪。猪因吞食了含有旋毛虫未经煮熟的食堂泔水以及含有幼虫包囊动物肉的下脚料，或因食入带病原的死鼠，其他动物的尸体等而感染旋毛虫病。

人患病主要因食入带有旋毛虫包囊的生肉，或半生不熟猪肉、狗肉及其他动物的肉而感染。

3. 临床症状

猪轻微感染症状不明显，严重感染3～7天出现体温升高，腹泻，便中有血，有时呕吐，病猪迅速消瘦，常10～15天内死亡。猪患肌旋毛虫病，表现寄生部位疼痛，肌肉麻痹，运动障碍，呼吸，吞咽困难，消瘦，四肢水肿，一般不造成死亡。

4. 病理变化

肌旋毛虫在耻骨部肌肉，膈肌部位寄生数量最多，其次是舌肌、喉肌、咬肌、颈肌、肋间肌和胸肌等部位。形成包囊的虫体，其包囊与周围肌纤维有明显的界限。

肠旋毛虫寄生阶段，表现急性肠炎变化，由于幼虫机械作用和毒素所致，破坏血管壁，引起出血和实质器官混浊肿胀，脂肪变性，纤维素性肺炎、心包炎等变化。

5. 诊断

生前如怀疑肌肉有旋毛虫寄生时，可剪一小块舌肌进行压片检查，还可以做皮内反应或沉淀反应，但是，目前做生前诊断主要采用 ELISA 方法进行血清学检查。但更多的做屠宰后肉品检验，以眼观检查为主，旋毛虫包囊有针尖大小，乳白色或灰白色结节，未钙化包囊呈半透明，露滴状，当把这些可疑病变做成压片镜检，发现虫体就可确诊。

6. 防治措施

（1）预防

加强宣传工作，肉煮熟后再食用，做到炊具卫生。

禁止将未煮熟的泔水喂猪，做好猪舍内防鼠灭鼠工作，严禁将不明死因动物尸体直接喂猪。

加强肉品卫生检验工作，严禁将旋毛虫病害猪肉、狗肉及其他动物肉食上市。

（2）治疗

目前，尚未开展对猪旋毛虫治疗工作。对人治疗、多采用噻苯咪唑，每天 25 ～ 40 mg/kg 体重，分 2 ～ 3 次口服，5 ～ 7 天为 1 疗程，可杀死成虫和幼虫。

五、猪囊虫病

猪囊虫病，又称猪囊尾蚴病，是由人的有钩带绦虫的幼虫—猪囊尾蚴，寄生在猪的肌肉和其他器官而引起的一种寄生虫病。本病是人畜共患寄生虫病，是我国农业发展纲要中限期消灭的疾病之一。

1. 病原

猪囊虫是钩带绦虫的幼虫，主要寄生在猪的横纹肌中，脑、眼和其他器官也常有寄生。有囊虫寄生的肌肉称为“米猪肉”、“豆猪肉”。成熟的猪囊尾蚴，外形椭圆。约黄豆大，为半透明的包，长径 6 ～ 10 mm，短径约 5 mm，囊内充满着液体，囊壁是一层薄膜，壁上有一个圆形小高粱米粒大乳白色小结，其内有一个内翻的头节，头节上有 4 个吸盘，最前端的顶突上有许多小钩，分为两圈排列。

成虫、猪囊虫的成虫寄在终末宿主（人）的小肠里，也可以寄生在猪的小肠当中。名为猪带绦虫，因其头节的顶突上有小钩，又称为“有钩绦虫”。体长 2 ～ 5 m，最长可达 8 m，整个虫体约有 700 ～ 1 000 个节片。

随粪便排出的虫卵卵壳多已脱落，其外是一层比较厚具辐射状条纹的胚膜，内有一个圆形的六钩蚴。

2. 流行特点

猪带绦虫病和囊虫病流行于亚洲、非洲、东欧及中南美洲，我国早在公元前周末秦初,《内经》中就有发病的报道。猪囊虫病是对养猪业危害极大的寄生虫病。严重危害着猪体，病猪肉不能食用，常给国民经济造成巨大的损失，同时，也严重威胁人的身体健康，尤其是脑囊虫，在某些发展中国家，人囊虫病是引起疾病和死亡的常见原因之一。由于本病与养猪业的经济效益和公共卫生有着直接的关系，所以引起人们的极大重视，将本病列为肉品检验的重要项目之一。

在自然情况下，猪是易感动物，猫狗等动物吃了被猪带绦虫卵污染的食物也可感染。本病发生无明显季节性。但在适合虫卵生存、发育的温暖季节呈上升趋势。本病多呈散发，其发病严重程度与当地患有绦虫病人多少呈正比关系。在一些山区和偏远农村，农户习惯将猪圈和厕所连在一起，有些地方人无厕所，猪无圈，猪可以直接食入患有猪带绦虫人的粪便而感染发病。人的感染发病多因误食半生不熟的囊虫猪肉和沾有囊虫头节的生冷食品，或因屠宰加工猪肉不卫生等，增加感染机会，形成人（粪）—猪（肉）—人的恶性循环。

3. 临床症状

一般不出现症状，严重感染时出现营养不良，贫血。囊尾蚴侵害喉头引起声音嘶哑，寄生在眼部可引起失明或视觉障碍，寄生在舌、颊部肌肉，引起咀嚼困难，寄生在大脑时，可表现癫痫症状，有时会发生急性脑炎而突然死亡。

4. 病理变化

严重感染肌肉苍白水肿，切面外翻，凸凹不平，囊虫寄生在脑、眼、心、肝、脾、肺等部，有时淋巴结，脂肪内也可以找到虫体，切开肌肉或器官时，虫体部位留下空腔。感染时间长死亡的尸体，寄生部位发现钙化和死亡的囊尾蚴。

5. 诊断

多在死后肉品检验时发现。生前诊断比较困难，至今仍无一个理想特异性的诊断方法，应用间接血凝和 ELISA 方法做生前检测猪囊虫病有一定的诊断意义。但传统诊断方法是一看、二摸。一看：重度感染的病猪，可见肩部、臀部因肌肉水肿而增宽，身体前后比例失调，外观似亚铃形，走路时步态不稳。多喜卧，叫声嘶哑，睡觉时打呼噜，采食、吞咽缓慢，生长发育迟缓。在视力减退或失明的情况下，可翻开眼睑，能发现黄豆粒大小半透明的猪囊虫（包囊）。二摸：即采用“撸”舌头，触摸舌面、舌下、舌根是否有囊虫结节寄生。如发现就可以确诊。

6. 防治措施

（1）预防

开展防治猪绦虫、猪囊虫病的科普宣传，加大宣传力度，将其猪囊虫病的危害做到家喻户晓，要使农村广大群众做到人有厕所，猪有圈，坚决杜绝连茅厕，减少猪因吃了患有猪绦虫病人的粪便或被其污染物而感染猪囊虫病的几率。

加强检疫的力度，认真贯彻国家食品卫生法，确实做到杀猪必检，按规定处理病害肉，人不吃生猪肉或煮的半生不熟的猪肉，严格把住病从口入这一关。

疫区要处理好猪粪和人粪生物发酵无害化处理，杀虫卵，使猪无机会接触到人粪，从根本上防制猪囊虫病的发生。

搞好普查，多发地区做好人、猪驱虫工作。药物可以选择吡喹酮，丙硫苯咪唑。

（2）治疗

血检强阳性或舌检寄生囊虫 8 ～ 10 个以上的病猪，体形呈囊虫病明显改变和发育不良的僵猪不宜治疗，应及时淘汰，做无害化处理。否则也是愈后不良，易引起神经症状，甚至引起死亡。

治疗药物可选择：吡喹酮 60 ～ 100 mg/kg 体重。硫双二氯酚 80 ～ 100 mg/kg 体重，丙硫苯咪 60 ～ 100 mg/kg 体重。

六、细颈囊尾蚴病

细颈囊尾蚴病是由狗及野生肉食动物小肠内泡带绦虫的幼虫，寄生在猪的肝脏、浆膜、网膜和肠系膜等处而引起的一种寄生虫病，俗称水铃铛、水泡虫。轻者影响猪只生长、增重，重者可造成猪只死亡。

1. 病原

细颈囊尾蚴为囊泡状，内含透明液体，大如小气球大，小如黄豆大小。肉眼观察可以看到囊壁上向内生长一细长颈部和一头节。成虫乳白色，扁形带状，由 250 ～ 300 个节片组成。虫体长达 1.5 ～ 2.0 m，最长可达 5 m。含有虫卵的泡状带绦虫孕节片随着粪便排出体外，节片破裂，散出虫卵，污染饲料、饮水和运动场地、猪舍地面以及母猪的体表、乳房，猪通过消化道吃入虫卵，在小肠内其胚膜被消化，幼虫伸出六钩钻入肠壁血管，随着血流进入肝脏实质，并移行到肝脏表面形成囊尾蚴。也有些虫体从肝表面落入腹腔，附着在肠系膜和大网膜上，经过 3 个月发育成感染性细颈囊尾蚴。屠宰场病猪和养猪小区、猪场死猪内脏如含有病原，被犬或其他动物食入后，在小肠内肠壁上逐渐发育为成虫。

2. 流行特点

本病在世界上分布很广，凡是养狗的地方，一般都会有牲畜感染囊尾蚴病。我国犬感染泡状带绦虫遍及全国。猪感染本病占家畜感染率为首。主要传染源是带虫犬带虫猪，通过粪便污染环境造成动物感染。

3. 临床症状

六钩蚴在猪肝移行时，可造成肝脏组织损伤，引起肝炎。移行至腹腔时，可造成腹膜炎。本病多呈慢性经过，病猪表现消瘦、黄疸，严重引起生长发育受阻。

4. 病理变化

急性病程时，可见到肝脏体积增大，肝脏表面有出血斑点，在肝实质中可找到虫体移行过程的虫道。有的肝脏表面可见半透明的圆形囊泡，囊体有黄豆至蚕豆大小，囊泡所在部位的肝组织凹陷，萎缩，囊泡壁呈乳白色。有时见到急性腹膜炎，腹水中有含有囊尾蚴体。在慢性病例，于肠系膜、网膜，可找到虫体。

5. 诊断

生前难以诊断，剖检或屠宰猪时，在肝脏、肠系膜、网膜、肺脏可发现数量不等囊泡状细颈囊尾蚴，即可确诊。

6. 防治措施

（1）预防

禁止狗或其他食肉动物进入猪舍或圈，以防止饲料、饮水，猪只活动场地被狗粪污染。养猪场严禁养狗。屠宰猪及剖检猪时，取下的囊尾蚴不要随便乱扔，要进行无害化处理。应用吡喹酮硫苯或苯硫苯咪唑进行预防性驱虫（剂量参照药物使用说明）。

（2）治疗

吡喹酮 60 ～ 100 mg/kg 体重进行肌肉注射。可以连用 3 ～ 4 天，如果出现不良反应可以对症治疗。

七、猪疥螨病

猪疥螨病是由疥螨属的猪疥螨而引起的一种猪的寄生虫病。临床主要表现慢性皮肤病变和过敏反应。

1. 病原

疥螨成虫呈圆形，灰白色，长 0.5 mm，宽 0.25 ～ 0.35 mm，在黑色背景下肉眼可见。显微镜下可见螨虫逆光爬动。成虫有四对粗短的腿。雌虫前两对腿末端有具柄吸盘，而雄虫第一、第二和第四对腿末端有具柄吸盘。疥螨为终生寄生，在宿主皮下产卵，经幼虫，若虫，最后发育为成虫。虫体钻进宿主表皮挖凿隧道。雌虫在隧道内交配产卵。一个雌虫一生可产 40 ～ 50 个卵，平均每天产 1 ～ 3 个；约一个月后雌虫死亡。约 5 天虫卵孵化。幼虫又进一步蜕化为若虫并发育为成虫。全部发育过程均在表皮隧道内进行。雌雄交配也可在蜕化穴里或皮肤表面附近进行。交配后，孕卵雌虫开始挖新的隧道。卵至孕雌虫其全部生活史约需 15 天左右，其发育速度与外界环境有关。

2. 流行特点

疥螨感染主要传染源为患病的动物，尤其是患慢性耳病变的猪，在耳廓内面有大量的螨虫寄生，每克耳廓病变刮屑含螨虫卵高达 18 000 个。健猪通过接触病猪而传染，也可以通过用具、工作服、工作人员手、鞋等进行传染，所有猪都易感，一年四季可以发生，但以冬季和初春发病最厉害，夏季气候干燥，日照强、病症减轻。另外，猪舍拥挤，阴暗潮湿，饲养管理不良也常是造成本病发生的主要诱因。

3. 临床症状

繁殖猪群多表现慢性耳病，病猪摇头，耳廓内有大量石膏样，呈柱状结痂并含有陈旧性血液病变。严重病例病变还可发生在肢体内侧凹处。幼龄猪多表现皮肤过敏反应有红点，剧痒，病猪表现烦燥不安、食欲不振，营养不佳，生长迟缓，严重病例也能造成死亡。

4. 病理变化

病灶发生炎症，皮膜增厚，直径几个毫米，分布于猪的臀部、肋腹部及后肢内侧。屠宰猪刮毛后皮肤表面出现大量出血斑点。

疥螨的形态见图 7–92 至图 7–94。

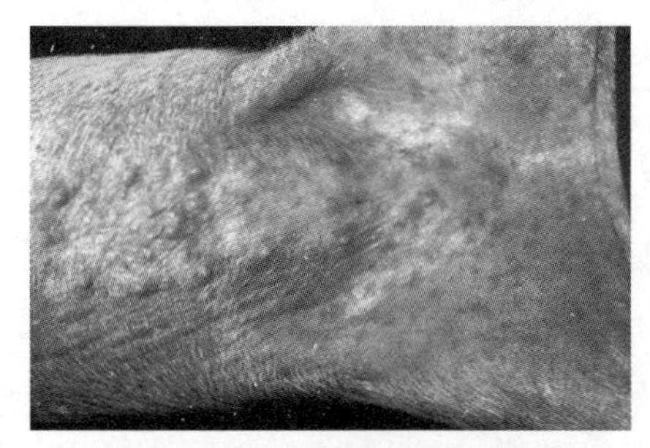

图 7-92　螨虫引起过敏性红斑

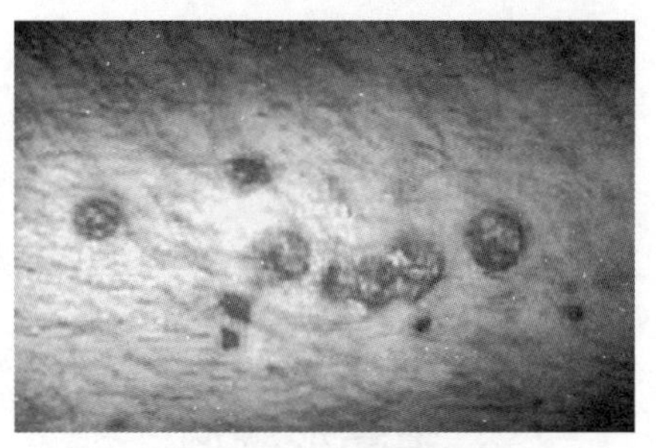

图 7-93　皮肤溃疡

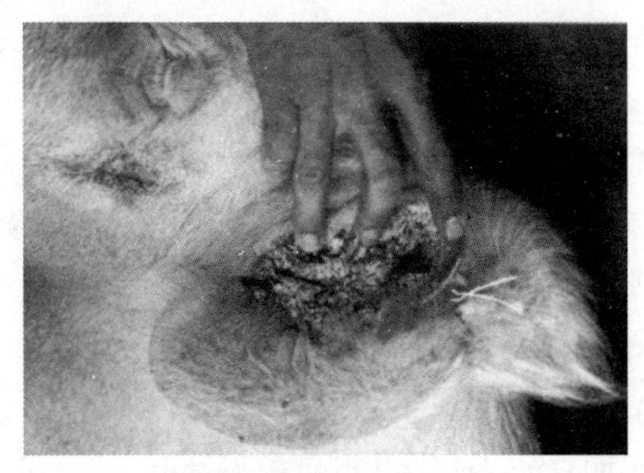

图 7-94　耳病变

5. 诊断

采集病料（刮取耳廓结痂），用 10% 氢氧化钠消化结痂，然后用低倍显微镜观察，发现疥螨虫就可以确诊。

6. 防治措施

（1）预防

每年定期进行疥螨虫检查，发现病猪及时治疗，要将刮下病灶部位的痂皮、毛等集中销毁，工作人员手、衣服、用具要定期清洗消毒。

猪群采用害活灭拌料驱虫，剂量为每日每头猪 100 μg/kg 体重连服 7 天。

也可用 50 mg/kg 含 2.5% 溴氰菊酯喷淋猪体和墙壁运动场地面等进行喷杀。

猪舍要经常打扫，保持清洁卫生，通风、干燥。饲养密度不要过大。

（2）治疗

目前，主要应用害获灭进行治疗，病猪按 300 μg/kg 体重皮下注射。可得到较好的治疗效果。或外用杀虫脒、烟草等药物进行局部涂抹治疗（在彻底清除局部的病变痂皮基础上）。

八、猪蠕形螨病

猪蠕形螨病又称脂螨或毛囊虫病，是由蠕形螨寄生于猪的皮脂腺和毛囊中所引起的一种体外寄生虫病。临床主要表现，毛根处皮肤肿胀或化脓。

1. 病原

蠕形螨虫体狭长如蠕虫样，呈半透明乳白色，外形上可以区别为头、颈、腹 3 部分。头部（假头）呈不规则四边形，有短喙状的刺吸口器，腹部长，表面有明显的横纹。

蠕形螨虫全部生活史都在宿主皮肤中进行，包括卵、幼虫、两期若虫和成虫。雌虫产卵于毛囊内，卵无色透明呈蘑菇状，卵孵化出三足的幼虫，幼虫蜕化为四足的若虫，若虫蜕化为成虫。

2. 流行特点

健康猪通过接触病猪及被病猪污染的用具而感染。

3. 临床症状

猪蠕形螨常寄生在猪的鼻梁、颜面、颈侧、下腹、膝襞、股内侧等皮薄处的毛囊或皮脂腺内。病猪有痛痒，病变部位发生大小不等如沙粒样的脓疱结节，有时也可以融合成较大脓疱。其脓疱周围有明显的炎性带。也有的病例，皮肤表现为鳞屑型，掉皮（皮肤表面干燥）。

4. 诊断

刮取皮肤结节、脓疱部和鳞屑做压片进行镜检，发现蠕形螨而确诊。

5. 防治措施

（1）预防

猪舍定期清扫消毒，外引猪时要隔离观察，确无蠕形螨虫后，经用过 50 mg/kg、2.5% 溴氰菊酯喷杀后方可进场。

（2）治疗

①害获灭 300 μg/kg 体重皮下注射，每周注射一次，连注射 3 周共 3 次。或伊维菌素注射液，0.3 μg/kg 体重，一次皮下注射；饲料预混剂：每天 0.1 μ g/kg 体重，连用 7 天；② 14% 碘酊，涂抹患处 8 次；③试用 50 mL/L，2.5% 溴氰菊酯水溶液喷杀。

九、猪虱病

猪虱病是由虱目、虱亚目、血虱科、血虱属的猪血虱寄生于猪的体表而引起的一种体外寄生虫病。临床上主要引起猪的皮肤病。

1. 病原

猪血虱背腹扁平，椭圆形，表皮呈革状，呈灰白色或灰黑色，体长可达 5 mm。

猪虱终生不离开猪体，整个发育过程包括卵、若虫和成虫 3 个阶段，若虫和成虫都以吸食血液为主；雌雄交配后，雄虱死亡，雌虱经 2 ～ 3 天后开始产卵，每昼夜产 1 ～ 4 个卵，一生能产 50 ～ 80 个卵，产完卵后死亡；卵经 9 ～ 20 天孵出若虫；若虫分 3 次蜕化为成虫。自卵发育到成虫约需 30 ～ 40 天。猪虱离开猪体后 1 ～ 10 天内死亡。

虱子形态见图 7–95。

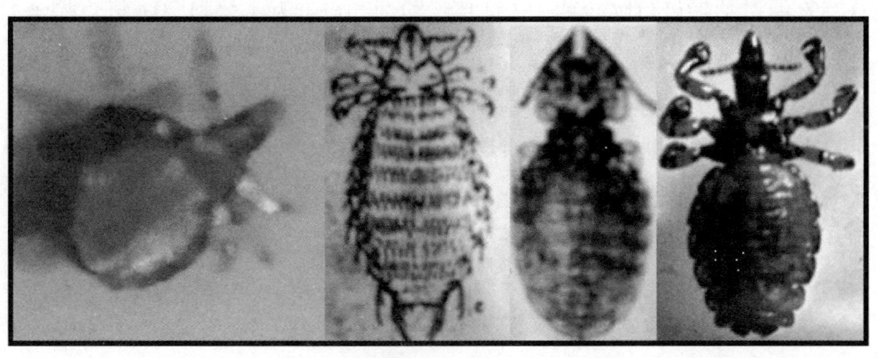

图 7–95　虱子

2. 流行特点

猪虱一年四季都有发生，但在寒冷潮湿的季节，侵袭感染率高。在冬季猪的被毛较长，稠密，皮肤湿度增高，有利于猪虱生长发育，而在温暖、日晒、干燥的季节（夏季）不利于虱子发育，感染率降低。带虱猪是主要传染源，通过直接接触和垫草等传播，在密集饲养的猪群中则迅速感染本病。

3. 临床症状

猪表现痒感，烦躁不安，啃痒或在墙壁摩擦、局部皮肤脱毛，破溃、发炎甚至皮肤坏死。病程稍长猪只日渐消瘦和生长发育受阻。

4. 病理变化

猪虱寄生部位耳、颈下、胸腹下、四肢内侧以及被虱子叮咬处皮肤出现红点。结节或因磨啃咬造成局部皮炎。

5. 诊断

在猪体上发现猪虱或虫卵即可以确诊。

6. 防治措施

（1）预防

猪舍应经常打扫，定期消毒，常换垫草，新购猪只发现虱子，尽早驱治后，方可混群。

药物预防每年春、秋两次进行体外驱虫、药物可选择 50 mg/kg，0.25% 溴氰菊酯进行喷杀或 1% 蝇毒磷粉剂，每平方米垫料 20 g 进行喷杀。

（2）治疗

害获灭 300 μg/kg 体重，每周注射一次，连续注射 3 周共 3 次。

应用溴氰菊酯喷雾也有好的效果。

附录 1

养猪小区、猪场常用的疫（菌）苗及在免疫接种时应注意的事项

一、养猪小区、猪场常用的几种疫（菌）苗

1. 猪瘟兔化弱毒冻干疫苗（含猪瘟兔化弱毒乳兔组织冻干疫苗）

性状：本品为海绵状疏松固体，呈乳白、淡黄或淡红色，加生理盐水后，迅速成为均匀的混悬液。如系采用感染猪瘟兔化弱毒乳兔的组织制成的，则为猪瘟兔化弱毒乳兔组织冻干苗。

用途：供预防猪瘟和发生猪瘟的猪群紧急接种用。

用法与用量：按瓶签所标示的头份量，于无菌条件下，加入灭菌生理盐水，使每头份稀释成 1 mL 混悬液。于耳根后、股内侧或后臀行皮下或肌肉注射，无论猪只大小，剂量不少于 1 mL。

反应：一般无不良反应，个别猪有轻微反应。经 1 ～ 3 天可以恢复。

保存期：于 -15℃冷冻可保存一年。0 ～ 8℃，有效期 6 个月。于 8 ～ 25℃阴暗干燥保存，有效期为 10 日，超过 25℃以上则不能使用。

免疫期：注苗后 4 天产生可靠免疫力，免疫期可达 1 年以上，哺乳仔猪产生免疫力不坚强，必须在 60 日龄时加免 1 次。

2. 口蹄疫灭活疫苗

目前有以下几种。

（1）口蹄疫 O 型 + 亚 I 双价灭活苗

此疫苗是北京市市政府免费提供的疫苗之一，是目前最常用的。

免疫程序：首免 40 日龄左右，肌肉注射 1 mL/ 头；二免 70 日龄左右，肌肉注射疫苗 2 mL/ 头。作为商品猪至出栏不再免疫，留作种用的每隔 5 ～ 6 个月须再作一次疫苗免疫，每次肌肉注射疫苗 2 mL/ 头。

（2）猪O型五号病灭活疫苗

此疫苗又称普通疫苗。

性状：本疫苗系用口蹄疫猪源强毒细胞培养物经二乙烯亚胺（BEI）灭活，加精制白油和乳化剂配制成双相乳剂苗。呈乳白色或淡红色，略带粘滞性流体的均匀乳状液。经贮存后，在乳液面上层可析出少量油，瓶底部可浸出少量抗原液，间或乳状液柱分层。振摇，即呈均匀乳状液。

用途：主要用于预防猪O型口蹄疫。

用法及用量：种猪（包括种公猪和种母猪、后备猪）每年注射疫苗4次。每隔3个月免疫1次，每次肌肉注射3 mL/头。商品猪（育肥猪）出生后30～40日龄首免，肌肉注射2 mL/头；60～70日龄二免，肌肉注射疫苗3 mL/头。作为商品猪至出栏不再免疫，留作种用的每隔3个月须作一次疫苗免疫，每次肌肉注射疫苗3 mL/头。

保存期：2～8℃贮藏，保存期暂定12个月，不可冻结。

免疫期：注苗后15天产生免疫力，免疫期暂定3个月。

（3）猪O型五号病灭活疫苗－Ⅱ

此疫苗又称为高效苗。

性状：呈乳白色或淡红色，略带粘滞性流体的均匀乳状液。经贮存后，在乳液面上层可析出少量油，瓶底部可浸出少量抗原液，间或乳状液柱分层。振摇，均即呈匀乳状液。

用途：主要用于预防猪O型口蹄疫。

用法及用量：种猪（包括种公猪和种母猪、后备猪）：每年注射疫苗2次。每隔5～6个月免疫1次，每次肌肉注射2 mL/头。商品猪（育肥猪）：出生后30～40日龄首免，肌肉注射1 mL/头；60～70日龄二免，肌肉注射疫苗2 mL/头。作为商品猪至出栏不再免疫，留作种用的每隔5～6个月须作一次疫苗免疫，每次肌肉注射疫苗2 mL/头。

保存期：2～8℃贮藏，保存期暂定12个月，不可冻结。

免疫期：牲畜注射后15天产生免疫力，免疫期为6个月。

3. 伪狂犬病疫苗

（1）伪狂犬病弱毒冻干疫苗

性状：为微黄色海绵状疏松固体，用中性磷酸缓冲液（PBS）稀释，速即溶解。

用途：预防猪、牛、绵羊的伪狂犬病。

用法与用量：每批冻干苗的含毒量实量为 3.5 mL，先加 PBS 3.5 mL，恢复原量，再按 1∶20 倍稀释。于动物臀部或股内侧肌肉接种，妊娠母猪、成年猪接种 2 mL，乳猪每一次接种 0.5 mL，断奶后再接种 1 mL；3 个月以上的架子猪 2 mL。

保存期：于 -20℃冷冻保存，有效期 1 年半；于 0 ～ 9℃冷暗处保存，有效期为 9 个月；于 10 ～ 30℃室温阴暗处保存，不得超过 1 个月。

免疫期：于接种疫苗后第六天产生免疫力，免疫期可持续 1 年。

（2）伪狂犬病基因缺失活疫苗

性状：为微黄色海绵状疏松团块加 FBS 液后迅速溶解，呈均匀的悬液。

用途：用于预防猪、牛和绵羊伪狂犬病。

用法与用量：按标签注明的头剂，用 PBS 稀释后 2 小时内用完。妊娠母猪及成年猪 2 头份，3 月龄以上猪及架子猪注 1 头剂，乳猪第一次注射 1/2 头份，断奶后再注射 1 头剂。

免疫期：注射后第六天产生免疫力，免疫期为 12 个月。

保存期：-20℃保存，有效期为 18 个月；2 ～ 8℃保存，有效期为 9 个月；10 ～ 30℃阴暗处保存，不超过 1 个月。

注意事项：①本疫苗用于疫区及受到疫病威胁的地区。在疫区、疫点内，除已发病的家畜外，对无临床表现的家畜亦可进行紧急预防注射；②妊娠母猪于分娩前 3 ～ 4 周注苗为宜，其所生仔猪的母源抗体可持续 3 ～ 4 周，仔猪需注射疫苗；未用本疫苗免疫的母猪，其所生仔猪，可在生后一周内注射并在断乳后再注射一次。

（3）伪狂犬病双基因缺失活疫苗

性状：为微黄色海绵状疏松团块加 PBS 液后迅速溶解，呈均匀的悬液。

用途：用于预防猪伪狂犬病。

用法与用量：按标签注明的头剂，用 PBS 稀释，肌肉注射每头剂 1 mL，并在 2 小时内用完。妊娠母猪及成年猪注射 2 头份，乳猪第一次注射 1/2 头份，断奶后再注射 1 头剂。

免疫期：注射后第六天产生免疫力，免疫期为 12 个月。

保存期：–20℃保存，有效期为 18 个月；2 ～ 8℃保存，有效期为 9 个月；10 ～ 30℃阴暗处保存，不超过 1 个月。

（4）猪伪狂犬病油乳剂灭活疫苗

性状：本品呈乳白色液体，为油乳剂灭活疫苗。

用途：用于预防猪的伪狂犬病。

用法与用量：使用前充分摇匀。仔猪肌注 1.5 mL，母猪肌注 3 mL，种仔猪断奶注射 1 次、间隔 4 ～ 6 周在加强免疫 1 次，以后按种猪每半年注射 1 次，妊娠母猪在产前 1 个月再加强免疫 1 次，育肥仔猪只注射 1 次。

贮存：2 ～ 8℃保存，有效期 12 个月。

注意事项：切勿冻结，冻结后不得使用。

（5）猪伪狂犬病基因缺失油乳剂灭活疫苗

性状：呈乳白色液体，为油乳剂灭活带。

用途：用于预防猪的伪狂犬病。

用法与用量：使用前充分播匀。仔猪肌注 1 mL，母猪肌注 2 mL，种猪每半年注射一次，妊娠母猪在产前一个月再加强免疫一次。仔猪只注射一次。

保存期：4℃避光条件下保存；有效期 12 个月。

免疫期：母猪配种前 1 个月和产仔前 1 个月各免疫一次，可使乳猪受到良好保护，母源抗体可维持至 70 日龄，使仔猪安全度过较为易感的哺乳期。

注意事项：切勿冻结，冻结后不得使用。

4. 猪细小病毒病弱毒疫苗

性状：为浅粉红色冻干苗，加入生理盐水速即溶解。

用途：预防猪细小病毒感染。

用法与用量：按冻干苗瓶签标明量，加入生理盐水，振摇、溶解，于初产母猪配种前一个月或半个月，颈部皮下肌肉注射 1 mL。

保存期：于 –20℃冷冻保存有效期一年。

免疫期：接种后 15 天产生免疫力，免疫期 8 个月以上。

5. 兽用乙型脑炎疫苗

性状：本品静置时，呈红色透明液体，底部有少许细胞碎片。

用途：预防各种动物的乙型脑炎。

用法与用量：应在乙型脑炎流行前 1 ～ 2 月注射，不分畜别、品种、性别，一律皮下或肌肉注射 1 mL，当年幼畜注射 1 次后，第二年必须加注 1 次。

保存期：于 2 ～ 6℃冷暗干燥处保存，有效期为 2 个月。

免疫期：本疫苗注射两次（间隔一年），免疫期为 3 年。

6. 猪丹毒氢氧化铝菌苗

性状：本品静置时，上部为橙黄色或棕黄色澄明液体，下部是灰黄色或棕灰色沉淀，充分振摇后，呈均匀的乳浊液。

用途：预防猪丹毒。

用法与用量：断奶半个月以上的猪，皮下或肌肉注射 5 mL；或分 2 次注射，间隔 45 天，每次 3 mL。

反应：注射后，一般无明显的不良反应，仅在注射部位呈枣核大或桃核大硬结，对猪健康没有影响。

保存期：于 2 ～ 15℃冷暗干燥处保存，有效期为 1 年半。

免疫期：注苗后 14 ～ 21 天产生坚强的免疫力，免疫期为 6 个月。

7. 猪肺疫氢氧化铝菌苗

性状：本品静置时，上层是黄色透明液，下层是灰白色沉淀。振摇后成均匀的乳浊液。

用途：预防猪肺疫。

用法与用量：断奶后的猪不论大小，一律皮下或肌肉注射 5 mL。

反应：一般无不良反应，有时在注射部位出现蚕豆大至核桃大硬结，对猪的健康无影响。

保存期：于 2 ～ 15℃阴暗干燥处保存，有效期为 1 年，于 28℃以下保存在阴暗干燥处，有效期 9 个月。

免疫期：注射后 14 日产生可靠的免疫力，免疫期 6 个月。

注意事项：严寒季节，应注意防冻，因菌苗所含氢氧化铝胶经结冻后，性质改变，影响效力。

8. 仔猪副伤寒弱毒冻干菌苗

性状：本品为乳白色或淡黄色海绵状疏松固体，加入稀释剂后迅速溶解成均匀的混悬液。

用途：预防仔猪副伤寒。

用法与用量：本菌苗适用于 1 月龄以上的仔猪。口服或注射均可获得同样免疫效果。①口服法：临用前按瓶签标明的头份，用冷开水稀释成每头份 5 ～ 10 mL，均匀地拌入少量精饲料或切碎的青饲料中，让猪自行采食，或者将每头份菌苗稀释为 1 ～ 10 mL 逐头灌服。

②注射法：按瓶签标明头份数，每头份加入 20% 氢氧化铝胶稀释液 1 mL，振摇溶解。对 1 月龄以上仔猪，于耳后浅层肌肉注射 1 mL。

反应：口服一般没有反应或轻微反应。注射免疫后 1 ～ 2 天内有个别猪出现减食、体温升高、局部肿胀以及呕吐、腹泻等症状，一般 1 ～ 2 日后自行恢复，危重者可注射肾上腺素救治。

保存期：于 –15℃冷冻保存，有效期为 1 年；于 2 ～ 8℃冷暗干燥处保存，有效期为 9 个月。

免疫期：9 个月。

9. 仔猪红痢氢氧化铝菌苗

性状：本品静置时，瓶内上部为黄褐色或褐色澄明液体，下部为氢氧化铝沉淀，振摇后呈均匀混悬液。

用途：专供怀孕母猪注射，预防仔猪红痢病（由魏氏梭菌 C 型引起的仔猪红痢）。

用法与用量：怀孕母猪初次注射本苗时，应肌肉注射两次。第一次于产前 30 天，第二次于产前 15 天。用量均为 5 ～ 10 mL。

保存期：于 2 ～ 15℃阴暗干燥处保存，有效期为 1.5 年。

免疫期：于注苗后 10 天产生可靠的免疫力。新生仔猪通过吸吮初乳而获得免疫。

10. 仔猪大肠杆菌性腹泻三价苗

性状：本品为灭活的氢氧化铝胶菌苗。

用途：供预防由大肠杆菌引起的新生仔猪黄痢病。

用法与用量：给怀孕母猪注射 2 针：第一针在产仔前 40 天，第二针在产仔前 14 天，每针 5 mL，于耳后肌肉注射。

反应：注苗后无不良反应。

保存期：4 ～ 8℃保存，防冻结，保存期暂定一年。

免疫期：新生仔猪，通过吮吸初乳而获得被动免疫。

11. 干燥猪喘气病弱毒菌苗

用途：专供预防猪喘气病。

用法与用量：用消毒的注射器、针头，按菌苗瓶标签上所规定的头份，每头份加入 5 mL 灭菌生理盐水，充分摇匀，被注射猪，从右侧胸腔倒数第 6 肋至肩胛骨后缘 1 ～ 2 寸处进针，一旦刺透胸壁即行注射，每头猪注射 5 mL。

反应：无不良反应。

保存期：本菌苗切忌高温或阳光照射，在 -15℃保存，有效期暂定为 10 个月。在 0 ～ 8℃冰箱一周之内用完。

免疫期：每年注射一次，免疫期 8 个月以上。

注意事项：①注射菌苗的猪只，一定要健康，并在 15 天前停止用抗菌素，注苗季节，从每年的 11 月至来年 3 月份之间，因天气冷，不宜注射。②针头选用：一般 30 kg 以下猪注射针头使用 4 ～ 5 cm 长，40 kg 以上及成年猪使用 6 ～ 9 cm 长针头。总之，菌苗一定要注进胸腔内，否则无效。

12. 布氏杆菌猪型二号菌苗

性状：为白色块状物，加水后迅速溶解成为乳白色均匀液体。

用途：专供预防山羊、绵羊、猪和牛的布氏杆菌病用。

用法与用量：本苗最适于口服接种，不受怀孕限制，可在配种前1～2个月进行。亦可在怀孕时期使用。猪口服两次，每次每头200亿活菌，间隔1个月。将所需菌苗拌入水中饮服或拌入饲料中采食或用去掉针头注射器逐头灌服。另外，也可以用于皮下或肌肉注射，猪注射两次，每次每头200亿活苗，间隔1个月。

反应：无不良反应。

保存期：冻干苗在0～8℃保存，自冻干之日算起，有效期为1年。

免疫期：猪不论口服或注射，免疫期暂定为1年。

13. 猪传染性胃肠炎与猪流行性腹泻二联灭活疫苗

性状：本品为粉红色的均匀混悬液。静止后上层为红色澄清液体，下层为淡灰色沉淀，使用前经振摇，即呈匀匀悬液。

用途：供预防猪传染性胃肠炎和猪流行性腹泻两种病毒引起的猪只腹泻症。

用法与用量：接种途径均为后海穴位。妊娠母猪于产仔前20～30天接种4 mL。25 kg以下仔猪1 mL，25～50 kg育成猪2 mL，50 kg以上成猪4 mL。

反应：一般无不良反应，给妊娠母猪接种疫苗时要适当保定，以避免引起机械性流产。

保存期：于4℃保存，有效期为一年。

免疫期：对妊娠母猪的被动免疫可保护仔猪，主动免疫可保护不同年龄的猪，注苗后二周可产生免疫力，免疫期为6个月。

注意事项：后海穴位即尾根与肛门中间凹陷的小窝部位，接种疫苗的进针深度按猪龄大小，从0.5～4 cm，3日龄仔猪为0.5 cm，随着猪龄增大则进针深度加大，成猪为4 cm，进针时保持与直肠平行或稍偏上。

14. 猪传染性胃肠炎弱毒冻干疫苗

性状：本品呈乳白色或微黄色疏松海棉状团块，易脱离瓶壁，加生理盐水后迅速溶解。

用途：用于预防猪传染性胃肠炎病毒引起的腹泻症。

用法与用量：接种途径为后海穴注射。被动免疫妊娠母猪于产前20～30天注射2 mL。主动免疫初生仔猪注射0.5 mL，10～50 kg体重1 mL；50 kg以上2 mL。

反应：一般无不良反应。

保存期：于 -20℃下保存，有效期为2年。

免疫期：可达6个月。

注意事项：本品仅供预防猪传染性胃肠炎病毒性腹泻，对其他类症无效。

15. 猪传染性胃肠炎、轮状病毒病二联弱毒疫苗

性状：为浅黄白色海绵状疏松团块，稀释溶解后，呈淡粉红色均质液体。

用途：供预防猪传染性胃肠炎和猪轮状病毒引起的腹泻病。

用法与用量：每瓶疫苗用注射用水或灭菌生理盐水稀释到20 mL，妊娠母猪于产前35天或42天和7天时各肌肉注射1 mL，新生仔猪初乳前注射1 mL疫苗至少30分钟后吃奶，仔猪断奶前7～10天肌注疫苗2 mL，架子猪、肥猪和种公猪，肌肉注射1 mL。

反应：一般无不良反应。

保存期：放4℃以下暗处保存，一年内有效。

免疫期：新生仔猪初乳前免疫，免疫期可维持1年，妊娠母猪免疫，免疫期为1胎。其他猪免疫，免疫期为半年。

16. 猪流行性腹泻氢氧化铝灭活疫苗

性状：本品为乳白色或微土黄色的均匀混悬液。静置后上清透明，沉淀物为细腻的清状，用时充分振摇。

用途：用于预防猪流行性腹泻病毒引起的腹泻症。

用法与用量：接种途径均为后海穴位。被动免疫于产前20～30天注射3 mL。初生乳猪0.5 mL；10～25 kg体重1 mL，25～50 kg体重2 mL；50 kg以上3 mL。

反应：一般无不良反应。

保存期：置 4℃冷暗处保存期为一年。

免疫期：注苗后 7 天产生免疫力，可持续为 6 个月。

17. 高致病性蓝耳病（NVDC-JXA1 株）灭活疫苗

高致病性蓝耳病（NVDC-JXA1 株）灭活疫苗免疫程序：商品猪，3 周龄及 3 周龄以上仔猪免疫一次（2 mL/ 次）。种母猪，配种前免疫一次（4 mL/ 次）。种公猪，每 6 个月免疫一次（4 mL/ 次）。

二、免疫接种时的注意事项

1. 接种前的准备工作

在免疫接种前，对被免疫的猪应进行全面、系统的检查和了解。包括健康状况、日龄、孕否、泌乳期以及饲养管理情况等。

成年、体质健壮的种猪注射疫（菌）苗后会产生较坚强的免疫力，初生乳猪、幼龄猪、体弱多病的猪注疫（菌）苗后产生免疫力差，有时还会发生过敏反应，妊娠初期和后期的母猪，注苗时由于过分追赶或因疫苗反应，也可造成流产、早产。泌乳母猪注苗后，有时会影响泌乳量。所以，初生乳猪、幼龄猪、体弱多病、妊娠期和泌乳母猪，如果不是已经受到疫病严重威胁，暂不要免疫接种。但是要做好标记，等情况好转及时补针。

2. 接种的注意事项

为了确保疫（菌）苗免疫有效，需重点强调以下几点。

一是进疫（菌）苗途径要可靠，到当地有低温设备的兽医站或生物制药厂去购买。

二是购买疫（菌）苗时要带冰筒，要求低温保存的疫苗冰筒内要加冰，菌苗（加氢氧化铝胶）要防止结冻，否则菌苗性质改变，影响效力。

三是免疫注射时，疫（菌）苗要现稀释现用，液体疫（菌）苗，使用前要充分摇匀，每次吸苗前再充分振摇，尽量在 2 小时以内注射完。

四是疫苗注射剂量要充足准确。不用失效和失真空疫苗。当疫苗的色泽、气味、颜色等有异常或与说明书不符时禁止使用。

五是注射部位要用碘酒或碘伏进行消毒，用酒精脱碘后再做注射。

六是注射用的针头，针具要用高压或煮沸消毒后才能使用。切不能用化药浸泡消毒，否则，因针具中存留消毒药液而影响疫（菌）苗效力。

七是注射疫（菌）苗时，要做到一猪一针（用一个针头），尤其在紧急接种时，要先注射假定健康猪，对有明显临床症状和发烧病猪马上隔离治疗或淘汰。

3. 接种后的工作

注苗免疫后，做好记录，并且注意观察免疫猪群，如发现有过敏反应猪，可用肾上腺素或阿托品进行解救。

接种疫（菌）苗工作完毕，人员要洗净双手，并用消毒药水浸泡消毒。剩余的疫（菌）苗液、空瓶等防止乱扔、乱倒，应焚烧或煮沸处理。

附录 2

养猪小区、猪场常用的消毒药及在消毒时应注意的事项

一、养猪小区、猪场常用的几种消毒药

目前，国内生产的常用化学消毒药物主要有十大类：①含氯类；②过氧化物类；③醛类；④醇类；⑤季铵盐类；⑥酚类；⑦强碱类；⑧弱酸类；⑨碘制剂类；⑩杂环类。

1. 含氯消毒剂

此类药物对细菌、病毒及真菌都有杀灭作用。

次氯酸钠：一般为含有效氯 10% 左右的浅黄色液体，可用 0.2% 浓度作畜舍内喷雾或喷洒消毒。如万福金安、84 消毒液等。一般使用浓度为 1∶100。

漂白粉：主要成分为次氯酸钙，还含有氢氧化钙、氧化钙等。漂白粉有效氯含量为 25%，一般配成 10% 的浓度乳液喷洒地面、墙壁等消毒。

二氯异氰尿酸钠：又称优氯净，有效氯含量为 60% ～ 64.5%。目前，大多消毒药厂家生产的此类产品有效氯含量低于此浓度，如灭（消）毒威、消特灵、消毒王等药物。由于市场上销售的这类消毒剂有效氯含量不同，其使用浓度也不同。

其他：含氯消毒剂还有氯气、氯胺 T、三氯异氰尿酸等，但商业产品较少。含氯消毒剂具有一定的毒性、刺激性和漂白作用，使用时应注意人和畜禽的安全。

2. 过氧化物类消毒剂

主要靠强大的氧化能力杀灭病原微生物。

过氧乙酸：一般含量为16%～20%，对细菌、病毒都有良好的杀灭作用。一般使用浓度为0.2%作喷雾或喷洒消毒。此产品多为A、B两种瓶装液体，用前必须将A、B两液体混合作用12～24小时再用。此药物为强力消毒剂，0.01%～0.5%浓度作用0.5～10分钟可杀灭繁殖型微生物，1%浓度作用5分钟左右可杀灭细菌芽孢。同时，过氧乙酸在-20～40℃时仍有杀菌作用。此消毒剂有刺激性、腐蚀性和漂白作用。

臭氧：主要起强氧化作用杀灭微生物，可以杀灭细菌繁殖体和芽孢、病毒、真菌及原虫包囊，也可破坏肉毒梭菌毒素。臭氧在水中的杀菌作用速度比氯快600～3 000倍，可用于生活用水消毒。臭氧用于处理污水，一般用100～200 mg/L，作用30分钟以上，可杀灭或破坏污水中所有微生物。臭氧熏蒸消毒需要较高的湿度，其对干燥的菌体几乎无杀灭作用。它具有一定的毒性和对一些物品有腐蚀性。

高锰酸钾（过锰酸钾）：为强氧化剂，0.01%～0.1%的高锰酸钾溶液作用10～30分钟，可以杀灭细菌繁殖体和病毒，破坏肉毒梭菌毒素；2%～5%浓度溶液作用24小时可以杀灭细菌芽孢。

二氧化氯：重要作用靠强氧化作用，其氧化能力比氯制剂强2.5倍，可以杀灭细菌繁殖体和芽孢。以前，二氧化氯的氧化能力常用碘量法测定后折算成相当于氯的含量，因此，习惯于将其归入含氯类消毒剂。此药物用于水的消毒效果很好。在处理下水时，加入2 mg/kg作用30秒，即可将其中的大肠杆菌全部杀灭。商品消毒药物常见的有蓝光、灭杀王等药物，其刺激性、毒性都比较低，一般使用1∶200～1∶400的浓度喷雾或喷洒消毒。

3. 醛类消毒剂

对所有细菌、病毒有强力杀灭作用，常用的醛类消毒剂有甲醛和戊二醛。其具有一定毒性和刺激性，温度对它的影响大（低温下杀菌作用很小）。

甲醛：常用的甲醛类消毒剂产品主要有福尔马林，含甲醛36%～40%，多用于空的畜禽舍熏蒸消毒，也可用4%～10%福尔马林喷洒消毒。熏蒸消毒一般用高锰酸钾作氧化剂与福尔马林反应后产热蒸发甲醛气体达到消毒目的，二者配制比例为 1∶2，一般每立方米空间需高锰酸钾 7 g，福尔马林 14 mL 或高锰酸钾 14 g，福尔马林 28 mL，可杀灭细菌繁殖体，同时，在福尔马林中加入一定量的水可以延缓两药物的强烈反应和提高湿度增强杀菌作用。每立方米空间用福尔马林 25 mL，可杀灭细菌芽孢。消毒时应密闭畜禽舍 24 小时以上。多聚甲醛是甲醛的聚合物，一般含甲醛 91% ～ 99%，每立方米空间用 10 ～ 20 g 多聚甲醛加热熏蒸，作用 12 ～ 24 小时，可以杀灭细菌芽孢。

戊二醛：有较好的杀菌作用，强于甲醛，在 pH 值为 7.7 ～ 8.5（加入 0.3% 的碳酸氢钠调整）时可杀灭细菌繁殖体和芽孢、病毒、真菌等。由于其具有一定毒性和刺激性，一般不用于有动物的室内喷雾消毒。

4. 醇类消毒剂

常用的消毒药物主要是乙醇即酒精。一般使用浓度为 65% ～ 75% 的浓度作消毒用，可杀灭细菌繁殖体和病毒，但不能杀灭细菌芽孢。由于乙醇的使用浓度较高，多用于医疗器械和皮肤的消毒。

醇类消毒剂还有异丙醇、甲醇、乙二醇等，但市场商品较少。

5. 季铵盐类消毒剂

低浓度下有抑菌作用，在高浓度下可杀灭大部分细菌繁殖体和部分病毒。此类消毒药物的毒性、刺激性和腐蚀性较小。

单链季铵盐类消毒剂有新洁尔灭、度米芬和消毒净，由于其对一些细菌和病毒杀灭效果较差，目前已不多用。

双链季铵盐类消毒剂常用的有百毒杀、1210、1214 等，使用浓度 1∶1 000 ～ 1∶2 000 用于喷雾、喷洒消毒（原液浓度应为 50%）。此类药物对细菌有良好杀灭作用，但对一些病毒（如口蹄疫病毒）作用很小。

近年来，经过对双链季铵盐类的改进，新的季铵盐类药物中含有戊二醛，使此类药物对所有病毒产生良好的杀灭效果。

6. 酚类消毒剂

可杀死细菌和病毒，其杀病毒能力不强，产生消毒效力较缓慢。

石炭酸：可杀灭细菌繁殖体、真菌和部分病毒，常温下不能杀灭细菌芽孢。

煤酚皂溶液（来苏尔）：为以前常用消毒剂，其杀菌作用与石炭酸相仿。

由于石炭酸和煤酚皂溶液的杀灭病毒能力有限，现已很少使用。

复合酚类消毒剂：可以杀灭病毒和细菌、真菌。如菌毒敌、菌毒灭等，其使用浓度一般为 1∶100 ～ 1∶200。

7. 碱类

此类药物不宜做喷雾消毒用。

火碱（NaOH）：该产品多用于消毒池和环境喷洒消毒用，药物的原含量应不低于 98%，使用浓度一般为 2%。

生石灰（CaO）：该产品多用于环境消毒，必须用水稀释成 20% 的石灰乳［$Ca(OH)_2$］后使用才能发挥消毒效能。

碳酸钠：2% 的碳酸钠可以作为煮沸消毒的增效剂使用。

8. 酸类

此类药物作为消毒使用的产品较少，弱酸类如乙酸和乳酸杀灭病毒的作用较少，使用并不广泛。目前，弱酸类产品有柠檬酸类药物，可用于泔水和用具等的消毒，使用浓度一般为 1∶500 ～ 1∶800。

9. 碘制剂

属于卤化物，主要是碘元素本身直接作用于病原微生物。此类药物具有广谱杀菌作用，且作用迅速，可杀灭各类细菌与病毒，但药效作用时间较短。在用碘片配制的碘酊和其他产品如碘伏、碘仿等主要用于手术器械和皮肤消毒。

10. 杂环类气体消毒剂

现在常用环氧乙烷作气体熏蒸消毒。该消毒剂使用时易发生爆炸，且对人有毒性，使用时需注意安全。该气体具有良好的扩散和穿透能力，在畜牧业中主要用于对动物皮毛的消毒。

二、消毒时应注意的事项

1. 消毒剂的选择

在消毒前，根据消毒的目的和用途选择对病原体消杀作用强、效期长。对人畜毒性小、不损伤物体和器械、易溶于水、价廉、广谱和使用方便的药品。但在实际工作中很难选出完全符合这些条件的消毒药，只能根据当地实际情况，选择适当的消毒剂。

2. 消毒剂的应用

在应用消毒剂时必须注意直接影响消毒效果的因素：

环境与猪舍内、外的消毒。要彻底消扫、洗刷、去除粪便硬痂和其他有机污物，猪舍内的顶棚也要清扫，去除尘埃和蜘蛛网，否则影响消毒效果。

带猪消毒时，一定要采用对人畜刺激性小、毒性低的消毒剂，而且，不能直接对着猪头部喷雾消毒，防止对猪眼睛造成伤害。

消毒药物使用浓度与消毒效果成正比，必须按规定的浓度使用，否则影响消毒效果。

药物温度增高和对病原体作用时间长短，与消毒效果也呈正比关系。如热火碱水、福尔马林加热熏蒸消毒均有谱广、高效消杀作用，并强于常温消毒效果。

猪舍在熏蒸消毒时一定要在无猪的情况下，关闭门窗，将缝隙密封，在不影响转群等情况下要连续熏蒸 8 ～ 10 小时，然后打开门窗排除剩余药物气体，（尤其使用甲醛消毒剂熏蒸后）再往猪舍内调猪。

3. 消毒液配制的注意事项

在配制消毒液时应做好以下自身防护安全。

在有刺激性、毒性气体的消毒药物使用时要戴口罩或防毒面具等防护用品。

在配制和使用有刺激性、腐蚀性的粉剂或水剂消毒药物时要戴胶皮手套等防护用品，防止药物溅到自己的皮肤和黏膜。

在使用易爆易燃性的消毒药物时一定要小心操作，按操作要求做。

4. 消毒液的用量

消毒圈舍在的具体实施前，首先根据消毒的目的选择好消毒药物，并计算出圈舍的体积（长 × 宽 × 高），并按 80 ～ 120 mL/m^3 的用药量计算圈舍一次消毒所用总药量，然后根据消毒药配制方法计算所需原浓度（含量）消毒药总量，最后按配制方法配好消毒液进行消毒。应特别注意喷雾消毒时要将总药量在全圈舍均匀喷雾。一般每周可进行 2 ～ 3 次常规消毒。

5. 消毒工具选择

消毒时应根据圈舍大小选择适当的消毒器械。中、大型动物养殖场根据需要购置较大型、中型的电动喷雾器若干台，小型养殖场户可选用中小型的喷雾器。这些喷雾器的种类品牌较多，进口和国产均有多种类型，在选购时应注意机器应配有多用喷头。一般喷雾用喷头喷出的雾滴直径大小应为 30 ～ 50 μm。一般用喷洒消毒喷出的雾滴大小应为 100 μm。另外，也可使用国产和进口的火焰消毒器。

附录 3

猪饲养管理过程中常见问题与解决方法

1. 近几年来，我国引进的主要瘦肉型猪品种有哪些？

目前，我国引进的瘦肉型猪品种主要有大白猪、长白猪、杜洛克、皮特兰、PIC 配套系等，这些猪生长速度快（700 ～ 800 g/d）、饲料转化效率高（2.6：1）、胴体瘦肉率高（＞ 64%），但抗逆性差，对饲料营养及饲养环境要求高，肉质较差（肌内脂肪 2.5% 以下）。

2. 长白猪、大白猪、杜洛克和皮特兰猪的特征及其用途有哪些？

长白猪：原产于丹麦。全身被毛白色，体躯呈楔形，前轻后重，头小鼻梁长，两耳大多向前平伸，胸宽深适度，背腰特长，背线微呈弓形，腹线平直，后躯丰满，乳头 7 ～ 8 对。平均产仔数 11 头，胴体瘦肉率 64% 以上，背膘较薄。在杂交配套生产商品猪体系中既可以用作父系，也可以用作母系。

大白猪：原产于英国。全身白色，头中等大小，面部微凹，耳适中直立，胸宽深适度。肋骨拱张良好，背腰较长，略呈弓形，臀宽长，后躯发育良好，腹线平直，四肢高而结实，胴体瘦肉率 64% 以上，乳头 6 ～ 7 对，平均产仔数 11 头，生长发育较快，体型较大。大白猪是目前世界养猪业应用最普遍的猪种，作为父系和母系，应用于杂交生产和配套生产体系都有良好的表现。在杜长大杂交生产体系中大白猪作为母系母本使用。

杜洛克：原产于美国。全身棕红或红色，体躯高大，粗壮结实，头较小，面部微凹，耳中等大小，向前倾，耳尖稍弯曲，胸宽深，背腰略呈拱形，腹线平直，四肢强健。胴体瘦肉率 65% 左右，平均产仔数 9 头，母性较强，育成率较高。产肉性能优良，成年体重较大。在杂交生产中主要用作父系或父本。

皮特兰：原产于比利时。毛色灰白，夹有黑白斑点，有的杂有红毛。

耳直立，体躯宽短，背宽，后躯发达，呈双肌臀。四肢较粗壮，但因其肌肉发达，常使四肢承负过大而受伤。产仔数较低，平均产仔 8 头。瘦肉率特别高，达 68%。膘薄至 1 cm 以下。小猪生长较快，90 kg 以后生长速度显著减慢。应激反应是所有猪种中最强烈的。在杂交配套生产体系中只用作终端父本。

3. 养殖户引进种猪时，应注意哪些问题？

做好引种前的准备工作：引种前要制定详细的引种计划，有选择地购进种猪。引进种猪要选择正规、信誉好的大型养猪场，并要掌握该养猪场繁殖的该品种种猪的选育标准。最好不要到集市上和流动商贩处购猪。

选购种猪时注意事项：从猪场引进种猪，除了要向种猪销售单位索要具有兽医检疫部门出具的检疫合格证外，还应注意掌握种猪的外形表现、生长特点以及亲缘关系的表现等。

注意种猪的运输：在种猪的运输中要最大限度地减少应激，注意运输的头数、防暑降温和通风换气，运送种猪的车具要经过认真消毒，并且车厢内要铺有垫料，运输途中每运输 2 小时要停车饲喂 1 次。

种猪进场后的管理：对新引进的种猪要进行及时、彻底的消毒，并按猪的大小、公母进行分群饲养。种猪进场后，要隔离饲养 30 ～ 45 天，待确定无疫病后再合群饲养，并及时做好预防接种工作。

4. 如何选留种公猪？

种公猪的选择，应从优良公母猪交配所产出的后代中，选留体型体貌符合其品种特征、生长发育良好的个体。为了保证选择的准确性，一般在 2 月龄初选，6 月龄进行第二次选择，配种前再作最后选择。

外表选择：从外形上看，对优良种公猪的要求是体躯长，背腰平直，胸部宽而深，腹部紧凑，臀部宽广，四肢粗壮，长短适中，睾丸发育良好，左右睾丸对称，大小一致，头部大小适中。

生产能力选择：要求生长发育快，体重约 90 kg 时，饲养日龄不超过 180 天。饲料报酬高，每长 1 kg 体重所消耗饲料不超过 3.5 kg，瘦肉率要求在 58% 以上。同时，还要选择肉质好的猪。

亲缘选择：选择亲缘关系密切的猪生产性能好。

5. 种公猪饲养管理过程中应注意哪些问题？

一是种公猪一般要单栏饲养。单栏饲养可保证每头公猪合理的采食量，保持适宜的繁殖体况，避免互相干扰。种公猪一般喂湿拌料，每天饲喂 2 ～ 3 顿。根据环境温度、配种强度来调整每天的饲喂量，饲喂量应保持在 2.5 ～ 3 kg。

二是必须保证公猪适当的运动量。为了保持公猪四肢健壮，性欲旺盛，应当让公猪适当运动（每次一般运动 1 小时）。夏天运动应安排在凉爽的早晚进行，冬天应在中午进行。要经常检查公猪精液的质量，发现精子密度小、活力不够时要采取对策，不要发现母猪返情率高时再找原因。饲养公猪的人员和配种员一定要有耐心和爱心，不得粗暴地对待公猪。

三是注意圈舍温度。公猪舍要求严一些，温度应保持在 10 ～ 26℃范围内，冬季猪舍内不能有贼风。高温季节，要特别注意给公猪舍遮阴，防暑降温，加强通风散热。必要时可采用水冲凉、喷淋、喷雾、吊扇等方法来降温。高温给公猪繁殖性能带来的不利影响非常大，长期高温环境大大降低公猪的繁殖性能，必须予以高度重视。

6. 怎样合理利用种公猪？

种公猪配种能力、精液品质的优劣和利用年限的长短，不仅与饲养管理有关，而且取决于初配年龄和利用强度。

初配年龄：公猪在 5 ～ 6 月龄性成熟，此时虽然具备了正常的繁殖能力，但身体仍处于快速发育阶段，此时开始配种则精力消耗很大，会缩短公猪使用年限，而且受胎率也低。杜洛克、长白、约克夏公猪初配适期在 8 月龄、体重达到 120 kg 以上时。

合理使用：适宜的利用强度是：1 ～ 2 岁青年种公猪每周配种 2 ～ 3 次，2 岁以上的种公猪在饲养管理水平较高的情况下，每天可配种 1 ～ 2 次（早晚各配 1 次），连续配 4 ～ 6 天休息 1 天。老龄种公猪应及时淘汰。

7. 猪人工授精应注意哪些事项?

人工授精可以充分利用优良公猪，提高良种公猪的利用率，避免一些传染病的发生。人工授精时应注意以下事项：在母猪未喂料或者喂料后 2 小时进行配种，炎热夏季输精时间最好避开中午高温阶段，在 7：00 之前和 18：00 之前完成配种；输精完毕后立即登记配种记录，包括配种的时间、次数、与配公猪号码、配种方式、生产目的（纯繁或杂交）等。

8. 种公猪出现繁殖障碍该如何解决?

种公猪繁殖障碍大致有 3 种情况：性欲减退或丧失；有性欲，但不爬跨母畜，不能交配；有性欲，但精子异常，无授精能力。

性欲减退或丧失：表现为不愿接近或爬跨发情母猪。针对这种情况可通过以下方法来解决：一是科学饲养，要注意营养是维持公猪生命活动和产生精液的物质基础。种公猪饲料不能使用育肥猪饲料，因育肥猪饲料可能含有镇静、催眠药物，种公猪长期饲用，易致兴奋中枢麻痹而反应迟钝；二是提供舒适环境，青年种公猪要单圈饲养，避免相互爬跨、早泄、阳萎等现象；三是使用激素对激素分泌异常的种猪进行治疗，用绒毛膜促性腺激素 80 mg，或用孕马血清 100 mg，或用丙酸睾丸酮 80 mg，3 种药可任选 1 种，肌肉注射。

有性欲但不能交配：表现为阴茎、包皮发炎而致疼痛，不能交配时，用青霉素 400 万 IU，链霉素 100 万 IU，安乃近 10 mL，混合肌注，每日 2 次，连用 3 天。或用鱼石脂软膏、红霉素软膏涂抹。

精子异常：表现为精子密度低、活力差等。如因发热疾病引起的症状，用抗生素配合氨基比林、柴胡等解热药治疗。也可用冷水、冰块等冷敷阴囊。

9. 后备母猪何时配种适宜?

研究证实，后备母猪在第二次或第三次发情时配种，每胎活仔数多出 1.5 ～ 2 头小猪。因此，应该避免后备母猪在第一次发情时配种，在第一次发情一周后实施短期优饲可以促进排卵。

母猪断奶后，一般 5 ～ 8 天内可发情，但母猪体况很差时会造成推迟发情。如果第一胎的年青母猪在哺乳时减重比较多，推迟一个发情期配种将有助于在下一胎时产更多的小猪。

10. 常见的母猪繁殖疾病有哪些？如何防制？

猪繁殖疾病以妊娠猪发生流产、死胎、木乃伊胎、产出无活力的弱仔、畸形儿、少仔、公猪不育症及母猪不孕症为主要特征。繁殖疾病的原因主要有以下 4 类。

一是饲养管理不当造成的繁殖疾病。饲料中营养物质不平衡，如维生素、微量元素、必需氨基酸等含量偏低；母猪过肥过瘦；妊娠母猪摄入霉变有毒的饲料造成的流产或死胎，后备母猪发情紊乱；妊娠期用药不当或免疫注射时期不当，也会使妊娠母猪发生流产或死胎。

二是母猪感染疫病。常见于母猪感染慢性猪瘟、细小病毒病、乙型脑炎、蓝耳病、圆环病毒病、流感、伪狂犬病、布氏杆菌病、钩端螺旋体病、衣原体病、弓形体病等。

三是母猪患产科疾病。母猪患子宫内膜炎、输卵管炎及输卵管阻塞、卵巢囊肿，会导致屡配不孕；母猪患卵巢萎缩、持久黄体则会久不发情。

四是先天性不孕。多见于近交个体，先天性的遗传缺陷导致生育系统发育不全，或不能发育，失去生殖能力。

针对以上这些繁殖疾病，主要防治措施如下。

一是正确饲养管理好母猪。合理饲喂，保证母猪有良好的体况，营养水平要达到饲养标准要求。

二是注意检疫、防疫。引种时要严格检疫，购回要隔离饲养，防止引入病种猪或带毒种猪而造成病原扩散；制定严格的防疫制度，搞好猪场环境消毒工作，及时消灭病原菌；做好种猪的免疫接种工作，制定合理的免疫程序，适时接种疫苗。

三是注意清洁卫生。要注意公母猪外生殖器的清洁卫生；人工授精时要注意输精器的消毒；要防止产后感染，产房要清洁消毒，难产猪要及时助产，母猪分娩后要肌注抗生素；如母猪患子宫炎，应注射缩宫素和抗生素，并用 0.1% 的高锰酸钾水溶液冲洗子宫；治疗卵巢囊肿、持久黄体用前列腺素有特效。

四是及时发现并淘汰先天性不孕的后备母猪。正常的后备母猪在 5 ～ 6 月龄时达到性成熟，8 月龄后即可配种。少数 10 月龄以上的后备母猪如果从没发情过，建议淘汰。

11. 促进母猪发情排卵的方法有哪些措施？

为了让母猪达到多胎高产，或者促使不发情的母猪和屡配不孕母猪的正常发情、排卵，可采用如下方法：用试情公猪追逐久不发情的母猪；将久不发情的母猪调到另一个圈栏内，让它与正在发情的母猪合并饲养；加强母猪运动，实行放牧、放青、晒太阳等有利于促进发情；可进行乳房推拿，方法是在天天早饲后，进行乳房推拿 10 分钟；激素催情可用孕马血清，也可用促卵泡素代替 800 ～ 1000 IU 一次肌肉打针，打针 4 天左右即会有发情症状，随后打针绒毛膜促性腺激素 1 000 IU，以促使排卵，然后配种。

至于长期不发情或屡配不孕的母猪，假如采取一切措施后仍无效时，应立刻淘汰。淘汰越及时越好，以避免过多的经济损失。

12. 哺乳期母猪如何饲喂？

分娩前 3 天，饲喂量可适当减少（10% ～ 20%），如果母猪体况不好可不减料。饲料应稀一些，这样分娩时消化道内粪便少，利于分娩。分娩后的半天内，一般不喂饲料，只给麦麸稀粥或一些稀料。产后第 2 ～ 5 天，泌乳料的饲喂量逐渐从每天 2 ～ 2.5 kg 加到最大采食量。产后突然加料可能引起消化紊乱，影响以后的采食泌乳。分娩 5 天以后，泌乳母猪合理的饲喂量取决于母猪哺乳仔猪的窝增重速度（哺乳仔猪数量及生长速度）。

饲喂泌乳母猪要求以湿料的形式饲喂，避免用干粉料饲喂泌乳母猪，影响母猪的采食量。一般情况下，泌乳母猪每天饲喂 3 次。每顿饲喂可采取分批添加饲料的方法，让母猪吃够饲料，又不能在料槽中剩下许多饲料，保证母猪每顿都吃新鲜饲料。母猪需要大量的水，如果是在料槽中喝水，喂完料要添加新鲜水，让母猪喝足水。

13. 如何做好仔猪的寄养？

仔猪寄养应注意以下方面：①寄养的仔猪需尽快吃到足够的初乳；②后产的仔猪向先产的窝里寄养时，要挑选猪群里体大的寄养；先产的仔猪向后产的窝里寄养时，则要挑体重小的寄养；③一般寄养窝中最强壮的仔猪，如果操作者认为代养母猪有较小或细长奶头，泌乳力高，且其仔猪较小，可以寄养弱小的仔猪；④寄养时需要估计母猪的哺育能力；⑤利用仔猪的吮乳行为来指导寄养；⑥仔猪应尽量减少寄养，防止疫病交叉感染，禁止寄养患病仔猪，以免传播疾病；⑦在种猪场，仔猪寄养后，需要作好标记与记录，以免发生混乱。

总之，寄养要因地制宜，以提高仔猪成活率和经济效益为最终目的。

14. 对产后缺乳的母猪如何催乳？

猪产后缺乳可能由于怀孕期饲养管理不当、母猪年老体衰、怀孕期营养不均衡及母猪染病等原因造成的。要仔细分析乳汁不足的原因，如果是患病引起的，应首先治疗原发疾病；如果单纯是在妊娠期饲养不当引起的，可试用如下方法：

哺乳母猪每顿饲喂量减少，每天的饲喂次数相应增加，一般每天喂3～4次，每次间隔时间要均匀。母猪产后3～5天内，体质较弱，消化力不强，往往为了满足泌乳需要而贪食，如不增加饲喂次数，致使母猪一次吃得过多，容易引起消化不良，使泌乳量降低。母猪在哺乳期间，一般60天能分泌200～300 kg乳汁，优良母猪能达到450 kg乳汁。从能量需求上来看，每多增加1头仔猪，就需要多供给5.23 MJ消化能（约合0.38 kg玉米）。因此，饲料能量必须要求满足母猪需求，一般为12.5 MJ/kg。

15. 母猪产后拒绝哺乳该怎样防治？

母猪产后拒绝哺乳的原因很多，针对具体的原因有相应的防治方法：

初产母猪无哺乳经验：如遇到这种母猪，饲养员应看守在母猪身旁，给予细心调教。当母猪躺下时，挠挠它的肚皮，看住小猪不让争夺奶头，使母猪保持安静情绪，只要小猪能吃上几次奶，问题就不大了。

母猪环境变更：解决办法是提前几天将临产母猪赶到产仔栏，让其有适应过程。

母猪产后缺乳或无乳：解决的办法是加强母猪的营养，可以给母猪喂豆浆、小鱼虾、大肠汤等催奶饲料。

母猪产后患病：预防的方法是改善饲养管理。

母猪患乳房炎或小猪咬奶头：这时要仔细检查，发现母猪奶头有伤或患乳房炎，要及时治疗。否则，那就要检查小猪牙齿，用剪刀将尖锐的犬齿剪平。

仔猪争抢奶头：解决的办法是当母猪分娩结束后，将仔猪放在躺卧的母猪身边，让仔猪自找奶头，待大多数找到奶头后，对弱小或强壮争夺奶头的仔猪进行调整，把弱小的仔猪放在前面的乳头，强壮的仔猪放在后边的乳头。坚持 2 ～ 3 天，仔猪就可固定乳头吮乳了。

母猪母性差：给母猪用氯丙嗪肌肉注射就可以了。

16. 母猪临产前乳房水肿如何处理?

乳房水肿是分娩前后母猪普遍存在的一种生理现象，母猪饲养者常因错误地认为是分娩前后母猪正常的“胀乳”而被忽视。乳房水肿造成乳房水肿液增加，压迫乳腺组织，影响到母猪的泌乳功能。主要采取措施如下：①适当增加母猪运动：运动能促进血液循环，有消除母猪乳房水肿的效果，但因为会造成许多其他问题，故一般不采取这样的措施；②平衡饲料营养：给予临产前母猪充分的饲喂，饲料营养不在于多，而在于平衡，特别是氨基酸的平衡；③加强饲养管理：给怀孕母猪一个舒适清洁的环境，降低应激，减少疾病发生；④防治怀孕母猪贫血：维持母猪正常的血液循环和新陈代谢，有效防止乳房水肿。

17. 母猪分娩前后便秘如何防治?

一是供给充足的饮水。母猪是一个猪场的核心，饲养母猪应做到细心管理，特别在夏季应给母猪供应丰富而充足的饮水。

二是饲料搭配均匀。很多猪场在母猪一出现便秘现象时，为了防止母猪便秘而增大了饲料中麸皮的比例，有个别猪场甚至达到 30% ～ 40% 的比例，这种做法是不对的。母猪发生便秘并非由麸皮不够引起的，相反片面增加麸皮用量反而会降低母猪的能量摄取，这对于夏天反而会加大母猪的热应激，严重者还会发生产后不发情的现象。有条件的养猪户在饲喂母猪时，如能给母猪一天提供 2.5 kg 的优质青绿饲料对预防母猪便秘效果最好。

三是选用饲料添加剂。可选用一些无药物添加剂预混料产品来饲喂母猪，这对于缓解母猪的便秘具有相当好的效果。母猪饲料中可适当添加小苏打及维生素 C，对于缓解母猪便秘具有一定的作用。

四是采取适当的治疗方法。对于处于便秘状态下的母猪，可采取如下方法：①饲料中添加 2% ～ 3% 的糖蜜，对母猪可起到润肺、济肠、通便的效果，且有提高母猪采食量的效果；②对于产前、产后出现便秘症状的母猪，可采用一些如“泌乳进”这样的产品，在产前、产后 15 天添加使用对于缓解母猪的产前、产后便秘也有较好的作用；③在母猪便秘情况下，可在母猪饲料中添加 3 g/kg 的硫酸镁，对于缓解母猪便秘也有一定的作用。

18. 如何做好仔猪教槽工作？

为了反映乳猪一边哺乳一边吃料的现象，人们把饲喂教槽料的过程叫做补料。补料一般建议 5 日龄开始。补料的形态可以是小颗粒、粉状或用水拌成糊状。如果用颗粒料补料，可在仔猪经常出没的地方，少撒一些补料，约 10 g，利用补料的香味和仔猪的好奇心，让仔猪拱食、玩耍等。每天多次撒料诱食。当仔猪认识补料的味道后，将补料放在浅的补料槽中，让仔猪随意采食。

建议从 5 日龄开始诱食。诱食的方法：将补料用水拌成膏状，其中可另加一些糖或者奶粉，增加吸引力。每天上午和下午将少量置于手指尖，当仔猪好奇过来拱时，顺势抿到仔猪的嘴里。让每一头仔猪都尝到补料的滋味，连续 2 ～ 3 天即可成功认料。为了诱食成功，可伴口哨，形成条件反射。认料后就可以让仔猪在地板和料槽吃补料了。越早补料越好，补料槽中的饲料要少添勤添，保持饲料的新鲜度。

19. 如何选择好的仔猪教槽饲料？

教槽料有人称之为乳猪代乳料，还有人称之为乳猪开口料，是指给初生7天到断奶后7天左右的小猪饲喂的一种含有高营养成分的专用饲料。好的教槽料一般要看使用后乳猪采食量、生长速度是否持续增加，腹泻率是否降低等。通常在猪种优良、饲养管理好的条件下，对于好的教槽料，乳猪应表现喜欢吃、消化好（通过粪便的观察）、采食量大的特点，尤其是教槽料结束过渡下一产品后的1周内，营养性腹泻率应低于20%，饲料转化率为1.2左右，日均增重250 g以上，日均采食量300 g以上。

20. 初生仔猪补铁时应注意哪些事项？

铁是合成血红蛋白的原料，缺铁导致仔猪血红蛋白含量下降。正常仔猪血液每100 mL含8～12 g血红蛋白。仔猪出生时体内的铁储备很少，只有50 mg左右，而且母猪乳中的铁含量极低，每头仔猪每天从母乳中只能获得1 mg铁。如果不及时补充铁，几天内仔猪体内的铁就会耗尽，出现贫血症状（皮肤苍白、食欲不振、无精打采、呼吸急促等）。对于猪场来说，补铁是一项必须的、常规的工作。猪场一般在仔猪出生后3天内注射1～2 mL的铁剂。母猪乳中有些其他微量元素如硒，也不能满足仔猪的需要，仔猪补铁的同时有必要补硒，可用含硒铁剂。

21. 仔猪断奶的方法有哪些？

一次性断奶法：当仔猪达到预定的断奶日期，断然将母猪与仔猪分开。这种方法省工省时，操作简单，适合规模化养猪场。采用此方法断奶时，在断奶前3天左右适当减少母猪的饲喂量，为减少仔猪的环境应激，仔猪断奶时将母猪转走，仔猪在原产床继续饲养1周，然后再转移至仔猪培育舍。

分批断奶法：根据仔猪食量、体重大小和体质强弱分别先后断奶，一般是发育好、食欲强、体重大、体格健壮的仔猪先断奶，发育差、食量小、体重轻、体质弱的仔猪适当延长哺乳期。采用这种方法会延长哺乳期，影响母猪年产仔窝数，而且先断奶仔猪所吮吸的乳头称为空乳头，易患乳房炎，但这种断奶方法对弱小仔猪有利。

逐渐断奶法：在仔猪预期断奶前的 3 ～ 4 天，把母猪赶到离原圈较远的圈里，定时赶回让仔猪吃乳，逐日减少哺乳次数，到预定日期停止哺乳。这种方法可减少对仔猪和母猪的断奶应激，但较麻烦，不适于产床上饲养的母猪和仔猪。

22. 断奶仔猪网上培育有哪些好处？

地面饲养仔猪，粪便难以清除，床面卫生不尽如人意，不能防止仔猪下痢。而改为高床网上培育，则可大大降低仔猪死亡率，提高乳猪断奶重。我国现代化猪场多采用高床网上保育栏，主要用金属编织漏缝地板网、围栏等，金属编织网通过支架设在粪尿沟上（或实体水泥地面上），围栏由连接卡固定在金属漏缝地板网上，相邻两栏在间隔处设有一个自动食槽，供两栏仔猪自动采食，每栏安装一个自动饮水器。网上饲养仔猪，粪尿随时通过漏缝地板落入粪沟中，保持了网床上干燥、清洁，使仔猪避免粪便污染，减少疾病发生，可大大提高仔猪成活率，是一种较为理想的仔猪保育设备。

23. 如何防止僵猪的产生？

饲养僵猪大大影响养猪经济效益，因此在生产中，应认真分析“僵猪”出现的原因，采取针对性措施，减少“僵猪”的产生。

防止血僵：在生猪繁殖上要做好选种选配工作，防止近亲交配；加强母猪孕期的饲养管理，尤其是加强怀孕后期的饲养管理，保证胎儿的正常发育。

防止奶僵：发现母猪乳汁不足要及时治疗，加强饲养管理；提早开饲，仔猪生后 6 ～ 7 天，给以炒得焦黄酥脆的玉米或高粱粒，引逗开食；早断奶，通过早开食、早补料，达到早断奶的目的，一般于 40 天左右断奶。

防止料僵：断奶前适当喂些断奶后将要采用的饲料，使仔猪提前开料、提前适应断奶后所采食的日粮；购买两头或两头以上的乳猪，应在同窝中选购，便于合群和有共同的生活习性，更适应新环境；提供优质全价饲料，保证饲料中有足够的蛋白质、矿物质和维生素，满足其生长发育的需要。

防止病僵：发现病猪及时治疗（最好隔离）；经常更换垫草，保持圈舍清洁、干燥、卫生。

24. 如何防止断奶仔猪出现咬耳、咬尾的现象?

近几年来在规模猪场中，猪互相咬耳、咬尾的现象逐渐增加，特别在早期断奶的猪群发生的更多，严重影响猪的健康和生产性能。该现象在育肥猪群很少见。根据资料报道，发生这种恶癖症的猪群生长速度和饲料效率要比正常猪群下降 26.4%。其防治方法如下：满足猪的营养需要，饲喂全价饲料；合理组群，将品种、体重、体质和采食量等相近的猪放在同圈饲养；饲养密度要适当，保证每头猪有足够的占地面积；保证舍内干燥、通风；在仔猪出生后 1 ～ 2 天对仔猪进行断尾；被咬的猪只要及时处理，可用 0.1% 高锰酸钾冲洗消毒，并涂上碘酒或氯亚铁，防止化脓；可在饲料中增加 0.1% 食盐，或加少量镇静剂。

25. 断奶仔猪如何调教才能养成良好的生活习惯?

在饲养管理上，要使仔猪尽快养成良好的卫生习惯，通过调教让其吃、拉、睡三点定位。投料应少喂勤添，力求餐餐饱、头头饱和天天饱，如出现生长不均匀应尽快调群或喂后留栏，加料补餐，使之生长均匀。平常要认真调教仔猪在特定区域内吃料、睡觉和排泄。靠近食槽的一侧为睡卧区，安装饮水器的一侧为排泄区。这样既可保持栏内卫生，又便于清扫。训练方法是：排泄区的粪便暂不清扫，诱导仔猪来排泄，而其他区域内的粪便要及时清除干净。经过 1 周的训练，可建立起定点睡觉和排泄的条件反射。

26. 生长育肥猪有哪些饲喂方法?

生长肥育猪的饲养相对比较简单，只要饲养员细心、勤快，养好肥猪不难。饲喂方法如下。

一是采用湿料饲喂：每天可喂 2 ～ 3 次，最好每天喂 3 顿。要求猪舍靠近走道一侧有料槽，料槽的长度要保证每一头猪都可同时吃料。采取湿料饲喂法，水与料的比例在1∶（1～3）合适，在饲喂之前充分浸泡效果更好。湿料喂猪可适当改善饲料转化效率，减少饲料浪费，降低粉尘，缺点是增加劳动量。湿料喂猪关键是要掌握好饲喂量，既让猪吃饱，又不能剩料，一旦有剩料，就会浪费饲料。

二是采用干粉料或颗粒料：每天加一次料即可。无论饲喂什么形态的饲料，每天的饲喂时间应当固定，以使猪形成良好的条件反射。饲喂生长肥育猪干粉料时，一般采取自动采食箱（水泥或者铁的），有时粉料会出现架桥现象（料箱是满的，但下不去），饲养员必须定时注意观测，用棍子把饲料捅下去。水泥料箱下面有裂缝，如果猪圈潮湿，水分可从料箱下面的裂缝渗入，导致底部饲料发霉，影响饲料的质量，也影响猪的采食。建议每隔2～3天让猪吃干净料箱一次，等料箱底部饲料吃干净了再添加新饲料。

27.如何选购优良商品仔猪?

要想选购到品种优良、健康无病、发育良好的仔猪，选购时必须从下列几个方面入手。

确定选购地点无疫情：准备选购仔猪的地点及所在地区近期应无疫情发生，也不是受疫情威胁的地区，以免购进染疫仔猪。

仔猪的检疫：购入仔猪时，必须经当地动物检疫人员检疫、消毒，并签发检疫、消毒合格证明，再经本地检疫人员或本场兽医验证、检疫，隔离观察2个月，经检查认为健康的，再全身喷雾消毒后，方可入舍混群。在购买仔猪前，应尽量了解预防注射疫苗情况。

仔猪的选择：①育肥出栏商品猪，应选择二元、三元或多元杂交猪，如杜长大、皮长大、杜大等；②体型：好的仔猪嘴筒宽，口叉深，额部宽，眼睛大，耳廓薄，耳根硬挺；背平宽呈双脊，皮薄有弹性，毛稍稀有光泽；身腰长，胸深，后臀丰满，四肢粗壮稍高；小母猪要求乳头较多且排列整齐；小公猪则要注意睾丸左右对称、紧凑，副睾明显。③外观：仔猪首先应符合所购品种的要求，其次是根据外观判断是否健康。

外观仔猪健康的标志是：食欲强，健壮，被毛光亮，眼睛明亮有神，鼻端湿润，精神良好，动作灵活正常，尾巴摇摆自如，呼吸均匀，叫声清脆，发育良好，无外伤、无跛行，皮肤无异常斑点，无生长受阻现象，无气喘咳嗽、拉稀等病症。

28. 如何降低养猪生产成本?

降低养猪成生产成本的因素：①提高生产效率，提高每头母猪年产仔猪头数及肉猪平均日增重；②提高饲料效率，降低饲料成本；③从改进管理作业模式做起，有效运用人力，实施科学、规范、合理、有效的管理制度；④做好疫病防控，达到降低猪场的医疗费用的目的。

附录 4

猪的饲养管理及疫病防控实用技术部分思考题

1. 我国地方猪种有哪些种质特性？在生产中如何利用这些种质特性？
2. 我国引入猪种有哪些种质特性？在生产中如何利用这些种质特性？
3. 下列杂交体系中的 A、B、C 3 个品种（系）各应突出什么性能？

   A×B；　AB×C；　商品仔猪
4. 提高公猪精液品质的主要技术措施。
5. 保证母猪正常发情和排卵的主要技术措施。
6. 如何根据母猪的排卵规律进行适时配种？
7. 公母猪配种时应注意哪些问题？
8. 简述猪胚胎期生长发育的规律。
9. 妊娠母猪的饲养方式有几种？各适合什么情况？
10. 简述母猪的泌乳规律。在生产中如何利用这一规律对哺乳母猪进行合理饲养？
11. 影响母猪泌乳力的因素有哪些？
12. 简述哺乳仔猪有何生长发育和生理特点。
13. 初乳和常乳有什么不同？为什么必须使仔猪吃足初乳？
14. 简述固定乳头的原则。
15. 初生仔猪为什么需要补铁？哺乳仔猪为什么需尽早诱饲？
16. 仔猪为什么需要寄养、并窝？寄养、并窝的原则是什么？
17. 早期断乳有何优点？如何确定适宜的断乳时间？
18. 简述生长肥育猪的生长发育规律。
19. 生长肥育猪饲养管理的主要技术措施。
20. 如何提高母猪的年生产力？

21. 养猪场常用的疫(菌)苗及在免疫接种时应注意的事项是什么?
22. 养猪场常用的消毒药及消毒时应注意的事项有哪些?
23. 猪伪狂犬病的临床表现有哪些?怎样预防猪伪狂犬病?
24. 猪流行性乙型脑炎的主要危害有哪些?
25. 为什么说控制和消灭猪囊虫病具有主要的公共卫生学意义?
26. 如何鉴别诊断猪传染性胃肠炎和猪流行性腹泻?
27. 如何综合防控高致病性蓝耳病?
28. 当前猪瘟流行呈现出哪些新的特点?
29. 能导致母猪繁殖障碍的病毒性疫病有哪些?
30. 配制消毒液时应怎样做好自身防护?

参考文献

[1] 陈润生．猪生产学．北京：中国农业出版社，1995.

[2] 张龙志．养猪学．北京：中国农业出版社，1982.

[3] 许振英．中国地方猪种种质特性．杭州：浙江科学技术出版社，1989.

[4] 张仲葛，等．中国猪品种志．上海：上海科学技术出版社，1986.

[5] 张仲葛，等．中国实用养猪学．郑州：河南科学技术出版社，1990.

[6] 李世安．应用动物行为学．哈尔滨：黑龙江人民出版社，1985.

[7] 张永泰．高效养猪大全．北京：中国农业出版社，1994.

[8] 罗安治．养猪全书．四川科学技术出版社，1997.

[9] 陈清时，王连纯．现代养猪生产，北京：中国农业大学出版社，1997.